改訂

交通調査実務の手引

高田　邦道　監修
一般社団法人　交通工学研究会 交通技術研究小委員会　編著
一般社団法人　交通工学研究会　発行

まえがき

　道路交通の重要さは言うまでもありません。わが国において道路交通が本格的にスタートしてから既に50年以上になります。この間の自動車や道路の技術的進歩も大変なものです。安全、円滑かつ快適な道路交通は常に国民の重要な関心事でもあります。

　この分野における専門家は日夜この問題に様々な角度から取り組んできました。よりよい道路・交通計画、交通管理、運用計画を企画・立案するために、常に求められるのは道路・交通状況や自動車交通の特性の把握です。これらを正しく理解するには、自ら交通調査を行ってみることが効果的で、かつ基本的な姿勢であると信じております。

　渋滞現象ひとつとっても、調査データを机上でみるのと、現場で自らみたその現象とデータを対比させてみるのとでは、そのデータから得られる情報の読み方に大きな違いが出ることが多々あります。また、そのような現場で実際にしっかりした調査経験を持つ技術者は、自らが直接実査を行っていない場合でも、データの読み方が正確であることは誰しもが認めるところです。

　しかし、昨今、この分野の技術者は以前に比べ現場で自ら調査に係わることが急減し、他人が調査したデータを整理、解析することに専念していることが珍しくないということを目にし、また耳にすることが増えてきました。また、実査調査担当者においても、専門分野の知識が不足したまま安易に調査を担当し、調査結果に疑問や不安を感じることも少なくありません。このような風潮はこの分野に限らず世間一般のものとも言えるのでしょうが、こと交通計画や交通工学の分野について言えば大変憂慮すべきことです。

　道路交通現象は人、車、道そして沿道環境（地域）が相互に影響し合いながら形成されているもので、実に様々な様相をしているものです。それは、教科書で学べば理解できるというものではなく、実際に交通現象をみてそれらの関連を把握、理解して初めて実感でき、適切な手だてを講じることができるものです。交通調査を現場で実際に行い、その整理、解析などを経て、交通現象に対する"勘"を身につけることは交通関係技術者にとって不可欠のことと思っています。

　わが国において、道路交通の急速な発展期には「交通調査」には大きな関心が寄せられていましたが、最近は前述のような状況が一般化していると感じ、それを危惧し学生や周辺の技術者に対して、その重要性を、特に現場の大切さ常に強調してきたものです。しかし、今日、その勉強のための参考書、マニュアルを探すとなると、適当なものがなかったのも確かです。現場では今も実査が頻繁に行われているにも係わらず、適当な参考書がないことが気になっていたところです。ことに、近年のコンピュータやVTRなどの利用環境が、急激に変化している状況に対応した交通実査の参考書などは皆無です。このため、このような環境変化を踏まえた参考書の必要性を強く感じていたところです。

このような時、今般、現場の交通調査に豊富な経験を持つ交通技術者が交通調査について丁寧かつ簡潔な手引書を作成する計画を聞き、時機を得た企画と感じ、私共が以前取りまとめた参考書（「交通調査マニュアル」鹿島出版　昭和51年）以降の技術進歩に加え、既存のマニュアル類で利用できるものは積極的に利用すること等を助言した次第です。また、あわせて、調査を順調に進めるために現場で必要な対応など現場技術者でなければ具体に述べることのできないような、いわば泥臭い事項も述べることなどを希望したところです。

　本書は、道路交通の計画、運用、設計に携わる実務者や交通調査を勉強される方々を念頭に取りまとめられたものです。この分野においても、最近ではIT技術の進展により新しい技術が幾つも実用化されつつあり、それらは今後、交通調査を大きく変化させると予想され、期待しているところです。本書では、この新技術についてよりも、現在、現場で多く用いられている手法に紙幅を多く割いています。いずれ、それら新技術が普及した場合でも、本書で主に述べた手法は交通調査の対象を自ら生のまま捉えることを基本とした「手引」であり、それは"勘"を磨くことになります。執筆者らはその重要さを知っているからです。

　本書が、道路交通の計画、設計、運用に携わる民間コンサルタントや調査会社の技術者だけでなく、それら調査の主な発注者である官民実務者の方々、およびそれを目指す学生諸兄に交通調査の実務を知って頂く上で有用な「手引」となればと願っております。

平成20年6月

監修者　高　田　邦　道
　　　　日本大学 副理事長 常務理事
　　　　理工学部 社会交通工学科 教授

改訂にあたって

　交通調査を適切、安全に実施することをサポートすることを目的として、経験豊富なコンサルタント技術者が中心となって、平成20年に「交通調査実務の手引」を出版いたしました。

　出版より10年ほどが経過し、交通環境の社会的変化に対応した各種技術指針等の見直しに伴う必要データの変化、IT技術の急速な進歩に伴う交通調査手法の進化、安全管理と個人情報管理に対する危機意識の高まりなど、交通調査現場を取り巻く環境も大きく変化しました。そのため、調査実施にあたっての計画・準備内容、調査項目、計測手法、データ処理方法など技術者として必要な知識、留意すべき事項も変化しています。

　本書「改訂　交通調査実務の手引」については、上記の背景を踏まえ平成28年より改訂作業に着手し、交通調査現場に関わるコンサルタント会社、調査会社の交通技術者を対象としたアンケートにより、不明箇所や改訂希望内容、および最新の計測手法などの調査を行い、本書に反映すべく改訂活動を続け、ここに至り本書発行の運びとなりました。

　特に今回の改訂では、初版の2～9章の改訂に加え、「10章　調査実施にあたっての留意事項」を新たに付け加えました。この10章は、全国各地で多数の調査実績を有する調査会社の多大な御協力のもと、実際に交通調査で発生したトラブル事例の紹介と、それを未然に防ぐための対処方法を整理したものであり、調査現場に携わる技術者に有用な情報を提供するものです。

　もとより交通調査に係わる知見のすべてを一冊の図書に盛り込むことは不可能なことではありますが、今後とも関係諸氏の御意見・御示唆をもとに推敲を重ねて参りたいと思います。

　最後に、御多忙中にも関らず、本書のとりまとめに多大の御協力を頂いた関係者の方々に厚く御礼を申し上げます。

令和元年10月
交通技術研究小委員会

目　次

第1章　交通調査

1.1　本書の目的　……………………………………………………………………　1
1.2　交通調査と調査内容　…………………………………………………………　2

第2章　交通量調査

2.1　自動車類交通量調査　…………………………………………………………　6
　2.1.1　計画・準備　………………………………………………………………　6
　　（1）調査計画の立案
　　（2）実施計画書の作成
　　（3）調査員の募集・確保・教育
　　（4）機材の準備
　2.1.2　調査の実施………………………………………………………………　11
　　（1）調査実施の判断と連絡
　　（2）計測と留意点
　2.1.3　集計・整理………………………………………………………………　13
　　（1）交通量集計表
　　（2）交通量時間変動図
　　（3）方向別交通流動図
2.2　歩行者類交通量調査　…………………………………………………………　15
　2.2.1　調査にあたっての留意点　………………………………………………　15
　　（1）全般
　　（2）横断歩道・立体横断施設等での調査
　　（3）単路部歩道・各種施設での調査
　2.2.2　回遊調査………………………………………………………………　17
2.3　機械による観測　………………………………………………………………　17
　2.3.1　ビデオカメラによる方法………………………………………………　17
　　（1）ビデオカメラ
　　（2）計測方法
　　（3）ビデオカメラによる方法の留意点
　　（4）データ整理
　2.3.2　車両感知器による方法………………………………………………　18
　　（1）固定式
　　（2）可搬式

第3章　速度調査

3.1　地点速度調査　…………………………………………………………………　20
　3.1.1　調査方法…………………………………………………………………　20
　　（1）人手（ストップウォッチ）による方法
　　（2）ビデオカメラによる方法
　　（3）ドップラー計測器（レーダー・スピードメータ等）による方法
　　（4）既設車両感知器による方法
　3.1.2　計画・準備………………………………………………………………　24
　　（1）現地調査

（2）　実施計画書の作成
　　　（3）　機材調達・設置
　　　（4）　調査員の教育
　　　（5）　留意事項
　　3.1.3　集計・解析方法 ……………………………………………………… 25
　　　（1）　速度分布表・速度分布図
　　　（2）　速度の統計値
　　　（3）　交通量と地点速度の関係
　3.2　区間速度（旅行時間）調査 ……………………………………………… 29
　　3.2.1　調査方法 ……………………………………………………………… 29
　　　（1）　試験車走行法
　　　（2）　車両番号照合による方法（ナンバープレート調査）
　　　（3）　ビデオカメラによる方法
　　　（4）　AVIシステムによる方法
　　　（5）　プローブカーによる方法
　　3.2.2　集計・解析方法 …………………………………………………… 35
　　　（1）　旅行速度調査表・時間距離線図
　　　（2）　統計処理

第4章　渋滞状況調査

　4.1　計画と準備 ………………………………………………………………… 39
　　4.1.1　計画 …………………………………………………………………… 39
　　　（1）　調査項目
　　　（2）　調査日時
　　4.1.2　準備 …………………………………………………………………… 40
　　　（1）　情報整理
　　　（2）　調査地点見取図の作成
　4.2　調査の実施 ………………………………………………………………… 43
　　4.2.1　交通量調査 …………………………………………………………… 43
　　4.2.2　渋滞長調査 …………………………………………………………… 43
　　　（1）　調査方法
　　　（2）　信号交差点における渋滞長の計測方法
　　4.2.3　渋滞区間通過時間調査 ……………………………………………… 44
　　4.2.4　信号現示調査 ………………………………………………………… 44
　　　（1）　信号現示・サイクル調査
　　　（2）　オフセット調査
　　4.2.5　渋滞原因の調査 ……………………………………………………… 48
　　　（1）　渋滞原因の想定
　　　（2）　渋滞原因の把握時の留意点
　4.3　データ整理と解析 ………………………………………………………… 49
　　4.3.1　データ整理 …………………………………………………………… 49
　　　（1）　地点情報調査表（表4.1）
　　　（2）　交通量調査表（表4.2）
　　　（3）　渋滞長調査表（表4.3）
　　4.3.2　渋滞原因 ……………………………………………………………… 51

第5章　分合流部、織り込み区間の交通現象調査

5.1　計測項目に応じた計測方法	57
5.1.1　交通量	57
（1）計測方法	
（2）計測位置	
5.1.2　速度	58
（1）計測方法	
（2）計測位置	
5.1.3　車線変更位置	58
（1）計測方法	
（2）計測位置	
（3）計測位置選定の留意点	
5.1.4　ギャップ、ラグ	59
（1）ギャップ、ラグの定義	
（2）調査方法	
（3）計測位置	
5.2　計測方法の特徴と留意点	60
5.2.1　計測員による目視	60
（1）特徴	
（2）留意点	
（3）計測箇所	
5.2.2　ビデオ撮影による計測	61
（1）特徴	
（2）留意点	
（3）撮影場所選定	
（4）複数のビデオカメラの同期	
（5）計測時間	
（6）安全の確保	
（7）記録メディアの保管	
5.3　集計・整理と解析	62
5.3.1　交通量	62
5.3.2　速度	64
5.3.3　車線変更位置とギャップ、ラグ	65
（1）合流位置	
（2）分流位置	
（3）織り込み位置	

第6章　交通容量調査

6.1　交通容量の考え方	68
6.1.1　交通容量	68
6.1.2　交通容量の影響要因	69
（1）道路要因	
（2）交通要因	
（3）その他の要因	
6.1.3　交通容量の単位	69
6.2　単路部の交通容量	69

6.2.1　計測項目の計測方法 ………………………………………………………… 70
　（1）　車頭時間
　（2）　車頭間隔（距離）
　（3）　車線利用率
　（4）　追越し回数
6.2.2　解析方法 …………………………………………………………………………… 71
　（1）　車頭時間と速度差
　（2）　交通量と平均速度
　（3）　車頭時間分布と交通量
　（4）　交通密度と平均速度
6.3　無信号交差点の交通容量 ……………………………………………………… 74
　6.3.1　一時停止制御交差点の交通容量の算出方法 ……………………………… 74
　6.3.2　ラウンドアバウトの交通容量の算出方法 ……………………………… 74
6.4　信号交差点の交通容量 …………………………………………………………… 75
　6.4.1　飽和交通流率の基本概念 ………………………………………………………… 75
　6.4.2　飽和交通流率の計測要件 ………………………………………………………… 75
　　（1）　十分な交通需要があること
　　（2）　車線別に計測すること
　　（3）　流出方向に車両が滞留していないこと
　　（4）　計測サイクル数が確保されること
　6.4.3　飽和交通流率の計測方法 ………………………………………………………… 76
　　（1）　マニュアル計測＜その1＞—飽和サイクルの捌け台数の実測—
　　（2）　マニュアル計測＜その2＞—計測単位時間ごとの捌け台数の実測—
　　（3）　マニュアル計測＜その3＞—飽和交通流内の捌け台数の実測—
　　（4）　ビデオカメラによる計測
　6.4.4　飽和交通流率の算出方法 ………………………………………………………… 77
　　（1）　捌け台数に基づく算出（主としてマニュアル計測の場合）
　　（2）　車頭時間に基づく算出（ビデオ計測の場合）
　6.4.5　計測結果の整理 …………………………………………………………………… 79

第7章　事故調査・事故分析

7.1　対象道路と事故分析プロセス ………………………………………………… 85
　（1）　地域
　（2）　路線（区間）
　（3）　地点・箇所（交差点）
7.2　交通事故データ …………………………………………………………………… 87
　7.2.1　交通事故統計データ ……………………………………………………………… 87
　　（1）　記録対象事故
　　（2）　事故件数、当事者
　　（3）　交通事故統計原票
　　（4）　交通事故統計原票の処理システム
　　（5）　交通事故統計データの利用
　7.2.2　交通事故統合データベース ……………………………………………………… 89
7.3　交通事故分析データの整理 …………………………………………………… 91
7.4　その他データの活用事例 ……………………………………………………… 93
　7.4.1　プローブカーデータの活用 …………………………………………………… 93
　7.4.2　アイトラッキング ……………………………………………………………… 95

7.4.3　ドライビングシミュレータ ……………………………………………… 96

第8章　経路調査

8.1　ナンバープレート照合法（目視）…………………………………………… 97
　　8.1.1　調査方法……………………………………………………………………… 97
　　（1）調査項目
　　（2）記録
　　8.1.2　調査地点………………………………………………………………………… 98
　　8.1.3　計測位置、場所の選定………………………………………………………… 98
　　8.1.4　調査の実施……………………………………………………………………… 99
　　8.1.5　調査精度と拡大………………………………………………………………… 100
　　8.1.6　集計・解析……………………………………………………………………… 100
　　（1）同一車両の判別
　　（2）分析・表示
8.2　ナンバープレート照合法（画像処理）……………………………………… 102
　　8.2.1　調査方法……………………………………………………………………… 102
　　8.2.2　解析方法……………………………………………………………………… 104
8.3　路側アンケート法 …………………………………………………………… 104
　　8.3.1　調査項目……………………………………………………………………… 104
　　8.3.2　収集データ…………………………………………………………………… 104
8.4　プローブデータ解析による方法 …………………………………………… 105
　　8.4.1　データ収集…………………………………………………………………… 106
　　8.4.2　集計・解析…………………………………………………………………… 106

第9章　駐車調査

9.1　駐車施設調査 ………………………………………………………………… 110
　　（1）調査方法
　　（2）調査対象駐車場区分
　　（3）調査項目
9.2　駐車実態調査 ………………………………………………………………… 114
　　（1）プレート式連続計測による路上駐車調査
　　（2）プレート式断続計測による路上駐車調査
　　（3）駐車台数調査
　　（4）集計項目
9.3　駐車特性調査 ………………………………………………………………… 119
9.4　駐輪調査 ……………………………………………………………………… 119

第10章　調査実施にあたっての留意事項

10.1　よくあるトラブルの事例 ………………………………………………… 120
10.2　調査準備期における留意事項 …………………………………………… 121
　　（1）現場踏査時の留意事項
　　（2）各種手続き（警察関係）に関する留意事項
　　（3）各種手続き（道路管理者関係など）に関する留意事項
　　（4）各種手続き（民間関係）に関する留意事項
　　（5）調査計測機器などの設置・撤去に関する留意事項
　　（6）調査員研修に関する留意事項
　　（7）安全対策に関する留意事項

⑻　緊急時の連絡体制に関する留意事項

10.3　調査実施期における留意事項 ……………………………………………… 138

10.3.1　調査前日の留意事項 ……………………………………………………… 138

　⑴　調査実施の判断

10.3.2　調査当日の留意事項 ……………………………………………………… 139

　⑴　調査員との集合待ち合わせ

　⑵　調査員の調査箇所への配置

　⑶　調査箇所での調査実施

　⑷　調査実施中の調査員の休憩、体調管理

　⑸　調査実施に際しての留意事項

　⑹　調査計測機器（機械計測）の調査実施中における留意事項

附表　交通調査と調査内容

　⑴　交通量調査

　⑵　速度調査

　⑶　渋滞状況調査

　⑷　交通現象調査

　⑸　交通容量調査

　⑹　事故調査・事故分析

　⑺　経路調査

　⑻　駐車調査

参考資料

参考資料Ⅰ　画像解析による交通流計測システム ……………………………… 152

参考資料Ⅱ　可搬型交通量計測装置MOVTRA ………………………………… 163

参考資料Ⅲ　ドローンを活用した交通調査 ……………………………………… 171

参考資料Ⅳ　可搬式高所ビデオ調査装置ビューポール®による交通調査 ……… 176

第1章　交通調査

1.1　本書の目的

　交通量調査や速度調査に代表される交通調査は、道路交通に関するあらゆる計画、施策策定の場面で必要な基本的な調査である。その場面は様々であるが、道路計画、道路整備効果、交差点計画、道路交通安全計画、渋滞対策、交通情報計画、交通施設計画、地域・地区計画、道路環境計画、交通規制・運用など列挙できる。また、最近各地で実施されている「社会実験」では、多様な施策の影響把握のために実験前・後における交通調査は不可欠のものである。

　交通調査は、その調査自体が目的になることはないが、前述のような計画・施策立案の基本であり、それら計画・施策実施の評価を行う上で重要な役割を果たす。これらの場面における具体の交通調査の内容、項目は種々であり、調査結果はそれらの成果の判断に大きく影響する。適切な調査を実施する上で、調査項目の設定や調査箇所、調査手法の選定は非常に重要であり、調査工程や調査費用に与える影響も多大である。

　交通調査を代表する交通量調査においては、ビデオカメラ設置、可般型トラフィックカウンターの設置等による機械自動計測が取り入れられつつあるが、依然として人手計測による調査が採用されることが多い。そのような多くの人手を要する交通調査では、調査員を臨時に雇用することも多く、関係者の安全にも細心の注意を払わなければならない。また、現場では予定外、想定外のことが発生することも度々であり、予想されるトラブルの対策は調査の成否に大きく関係する。そのような環境の中で調査を当初の計画どおりに実施し、交通調査の品質を確保し、所定内の調査費用で行うには計画準備段階から細心の配慮が求められる。

　交通調査を進めるには実務経験が非常に重要であるが、その専門的な技術については重視されてこなかったという面も否定できない。また、交通調査の多くは、よく知られた一般的な調査ということで、容易な調査と誤解されがちである。そのため、交通計画、交通工学の専門知識が不足している専門外の担当者が調査を実施することも珍しいことではなく、適切な方法で適切な項目を調査することついて吟味が不足してしまいがちである。このようなことは、折角の交通調査がその目的に応えられない原因になる。

　よって、調査を適切かつ効率的に行うには、以下の点に留意する必要がある。
◇調査目的に照らして、適切な交通調査項目・内容が設定されていること
◇過不足のない適切な調査規模で、かつ費用面で無駄がないこと
◇調査準備、実施段階において配慮すべき事項が担当者に明示され、事前準備により事故などのトラブル発生を減らし、臨機に対応できること
◇集計・解析をイメージして調査結果を現場で適宜チェックし、計測ミスを防ぐこと

　本書は、以上の問題意識のもと、㈳交通工学研究会交通技術研究小委員会「交通調査実

務の手引」WGメンバーが、自ら現場で多くの調査を実施してきた経験をもとに、かつ既存の資料を参考に執筆したものである。

1.2　交通調査と調査内容

　日本では、交通調査に関する関係図書や論文、報文は、1960年代から1980年代まで多く発行、発表されており、それらは今日まで交通調査に大きな貢献をしてきた。特に、「交通調査マニュアル」は、調査方法、データの解析方法を具体的に述べたもので、それらの中の多くの手法は現在でも利用されており、本書でも参考にしている部分が多い。また、交通工学研究会では交通容量調査に関して研究報告書をまとめている。しかし、これらの文献は既に一般には入手しにくい状態にあり、本書にてその内容をとりまとめることも意味のあることと考えている。一方で、最近の交通調査においては、情報技術、画像処理技術、コンピュータ利用環境の進歩により、調査、データ整理・解析技術も変化しているほか、社会情勢の変化から調査において配慮すべき事項も変化しており、これらの進歩を取り込んだ調査技術も普及している。

　本書においては、このような背景から、現在、一般的な手法として定着している調査方法については、前述したように既存の文献やマニュアル類を利用し、引用している。その上で、最大の特徴は調査の準備段階と現場での対応を重視して記述していることである。つまり、現場における豊富な実務経験を持つ交通技術者が、その経験を基に現場準備から一次的なデータ整理までを具体的かつ詳細に述べたものである。この部分は、前述したが順調な実査の実施とデータの信頼性に大きな影響を及ぼすからであり、それは同時に時間、費用面に与える影響も大きい。

　交通調査では、まず調査目的、調査内容、項目を決めることから始めることになる。調査項目は対象とする計画、施策立案の種類により変化し、重要度も変わる。調査の実施計画を立てるにあたり、検討すべき調査項目や実施方法を表1.1、巻末の附表に示す。

　表1.1　道路交通計画と交通調査は、都市計画・地区計画、及び交通管理・交通運用からみた主要な道路交通計画（12種類）とその計画を策定する上で通常必要と考えられる調査（データ）をその重要度と共に示したものである。

　巻末の附表「交通調査と調査内容」は、表1.1に示した各々の交通調査について、その実施内容と調査方法を、重要度の目安と共に示したものである。これらの表を参考に調査目的に応じた交通調査の内容を検討できると考えている。

　なお、前述したが、本手引きを執筆するにあたり関連文献（P. 4〜5）を引用、あるいは参考にさせて頂いた。それらは文中に示したが、引用を快諾いただいた著者、関係者に改めて感謝申し上げる。

表1.1　道路交通計画と交通調査（データ）

	交通量調査	速度調査	渋滞状況調査	交通現象調査	交通容量調査	事故調査・事故分析	経路調査	駐車調査
道路計画	◎	○	◎		○	△	△	
道路整備効果（供用後）	◎	○	○			○	△	
交差点改良計画	◎		○	○	○	◎		○
安全対策	△	○		○		◎		△
渋滞対策	◎	○	◎	○	◎		△	△
休憩施設計画（SA、道の駅）	◎		△			△	△	○
交通施設計画	◎		△			△		○
地域・地区計画	◎		◎		△	○	△	○
沿道環境対策	◎	◎	△					
交通規制計画	◎	◎	○		○	◎	△	○
バリアフリー	◎					○		
道路維持管理	◎	○				△		

◎実施すべき調査（データ）　　　○望ましい調査　　　△必要に応じ調査
※**道路整備効果(供用後)：供用前のデータの有無を事前に確認する必要がある**

《本書での参考文献》

本手引を執筆するにあたり以下の関連文献を引用、あるいは参考にさせていただいた。

交通調査マニュアル

A5版 250頁
昭和51年5月発行
現在：絶版

監修：塙 克郎
著者：高田邦道　木戸 伴雄 他
発行所：鹿島出版会

道路交通容量調査マニュアル　検討資料Vol.2

A4版 95頁
平成7年5月発行
現在：絶版

編著：社団法人交通工学研究会容量委員会
発行：社団法人交通工学研究会

道路交通容量調査マニュアル　検討資料Vol.3

A4版 140頁
平成9年5月発行
現在：絶版

編著：社団法人交通工学研究会容量委員会
発行：社団法人交通工学研究会

交通渋滞実態調査マニュアル

平成2年2月発行

建設省土木研究所資料第2970号巻末資料
「交通渋滞の原因と対策に関する研究」
（谷口栄一、斉藤清志他）

道路の交通容量

A4版 169頁
昭和59年9月発行
現在：販売中

発行：社団法人日本道路協会
発売：丸善㈱

平面交差の計画と設計　基礎編 －計画・設計・交通信号制御の手引－ 　Ａ４版　307頁 　平成30年11月発行 　現在：販売中 発行：一般社団法人交通工学研究会 発売：丸善出版㈱	ラウンドアバウトマニュアル 　Ａ４版　133頁 　平成28年４月発行 　現在：販売中 発行：一般社団法人交通工学研究会 発売：丸善出版㈱
交通現象と交通容量（交通工学実務双書-1） 　Ａ５版　203頁 　昭和62年７月発行 　現在：絶版 編著：藤田大二 出版社：株式会社技術書院	

第１章

第2章　交通量調査

2.1　自動車類交通量調査

　自動車類の交通量調査は、道路の計画や設計、交通の管理・運用等における最も基本的な調査事項であり、「交通量調査」として単独に行われることが多い。また、他の調査と同時に実施して、調査時の交通状況を示す基礎的な資料とすることも多く、調査の対象も交差点・単路部・分合流部・各種施設等と様々である。

　交通量調査は、調査対象地点付近の歩道上・横断歩道橋上・建築物の屋上等の交通状況が直接視認できる場所を確保した上で、調査員等を配置して計測するのが一般的な方法である。ここでは、人手（数取器）による交通量計測を対象に計画・準備からデータのとりまとめまでについて述べる。

2.1.1　計画・準備

（1）調査計画の立案

　調査の実施に先立ち、準備・調査・集計に至る全体計画を作成し、以下の項目について関係者と協議を行う。

1）調査日

　a．時期

　　年間の平均的な交通量を把握する場合には通常、5月中旬〜7月中旬または9月中旬〜11月中旬に行う。特別な目的がある場合には、調査箇所あるいは近辺の既存データ等を参考に調査日を設定する。

　b．平日の曜日

　　平日の平均的な交通量を示す火曜日〜木曜日とするのが一般的であるが、週半ばの休日の前後は、特別な目的がなければ避ける。大規模なイベントや工事などの実施が予め分かっている場合、あるいは台風等の異常気象の場合、その他通常とは異なる交通状態が想定される場合も避けるべきである。

　c．休日の調査

　　調査の目的に応じて土曜日とするか日曜日とするかを決定する。また、観光交通あるいはイベントの影響を受ける箇所ではそれらによる影響を予め考慮し決定する。

　d．予備日

　　調査予定日に実施できない事態が発生する場合に備えて、必ず予備日を設定する。

> **参 考**
>
> 従来、調査日は五・十日を避けて選定される場合が多くみられたが、実際には、五・十日の交通量が前後の日と比較して際立って特異ではない場合も少なからずみられる。また、全国道路・街路交通情勢調査（以下、道路交通センサス）でも五・十日は調査対象日の除外対象とはされていない。
>
>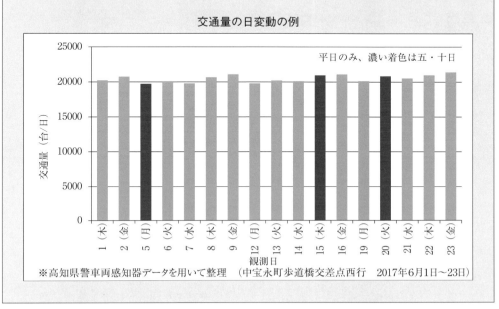

2）調査時間帯

昼間12時間調査の場合は、7時〜19時とするのが一般的である。ただし、ピークの立ち上がりが早い場合は7時以前から開始したり、夕方ピークの状況によっては19時以降まで行うなど、地域特性や調査目的を考慮して調査時間帯を設定する。

平日24時間調査の場合は7時〜翌朝7時とすることが一般的であるが、上記と同様の理由により、7時以前から開始して、翌朝7時以降まで行う場合もある。

休日に24時間調査を行う場合は、休日の3時〜翌朝3時とすることが多いが、平日と同時間帯とするほか、0時〜翌日0時とするなど、休日のピーク特性を考慮して設定する。

3）車種区分の設定

自動車類については、一般的には、道路交通センサスで採用されている小型車・大型車の2種とする場合や、これを乗用・貨物に分割して、乗用車・小型貨物車・バス・普通貨物車の4車種とする場合が多い。

二輪車類については、基本的に動力付き二輪車・自転車に区分する。また、調査目的に応じ、自転車をスポーツ車・一般車等に区分する場合がある。

4）集計間隔の設定

調査結果の集計間隔は、30分または1時間とすることが多いが、ミクロ交通シミュレ

ーションを行う場合など、細かな時間単位での変動の把握が必要な場合には、10分・15分間隔で集計を行う。

5）調査員の配置計画

必要となる調査員数・資器材の数量とその予備数は、調査員の配置場所と担当（誰が、どの位置から、どの方向を計測するか等）を基に設定する。複数箇所で同時に実施するケースを念頭に、要員配置計画において留意すべき事項を以下に示す。

＜交差点＞

1人の調査員が受け持つ計測方向は、交通量の多寡や車線数、及び車種区分にもよるが、小・中規模の信号交差点では図2.1のように流出方向でまとめると計測しやすい。

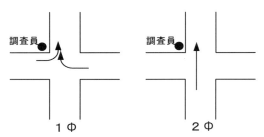

図2.1　信号交差点において1人の調査員が受け持つ基本的な計測方向

＜単路＞

1人の調査員が受け持つ計測方向は交通量の多寡や車種区分にもよるが、通常は1～2車線につき1方向とする。ただし、多車線で交通量の多い単路部では、1車線につき1人の調査員を配置するのが望ましい。

6）現地での実施体制

現地での実施体制については、以下の項目について留意する。

◇交代要員は調査時間長や交通量の多寡にもよるが、現場調査員2人に対して1人の割合で考えておくと良い。
◇調査地点ごとに地点責任者（リーダー）を置く。経験豊富な調査員が地点責任者を兼ねることも可能である。
◇調査箇所が複数になる場合には、調査の規模・地点数・地理的な広さなどに応じて、数箇所の地点を統括する地区責任者を置く。
◇これらとは別に巡回監督員を配置し、計測状況の点検、指導、弁当の配達、安全確認および人員の臨時移動などを担当する。
◇現場調査員はアルバイトでも可能だが、地点責任者・巡回監督員は経験の豊富な者を配置し、地区責任者以上の管理者は正規職員を配置する。
◇地区・地点責任者、巡回監督員、調査員に関する人員割当て、作業分担などを、事前に図表に整理しておく。

2.1.1　計画・準備

（2）実施計画書の作成

　　基本計画に基づいて現地踏査、必要な協議・許可申請を行い、実施計画書を作成して関係者間で確認する。実施計画書には、調査地点、調査内容、調査方法、調査日時および予備日、調査体制、連絡方法、所轄警察署および救急指定病院の所在地と連絡先等を記載する。

　　以下に実施計画書作成にあたっての留意点を示す。

１）現地踏査

◇調査の実施に先立って現地踏査を行い、調査員の配置方法、調査員の休憩場所、弁当の手配が必要な場合は搬送の方法、利用可能なトイレの確認、救急指定病院等の確認をする。

◇調査員の配置について、安全かつ良好な視界が確保できる場所の有無を確認する。また、物理的条件、警察協議などにより確保が不可能な場合の代替手段も確認する。

◇雨などの悪天候でも実施する場合は、その対応が出来るような場所を確保する。

◇調査員の集合場所と、調査現場までの搬送方法について検討する。調査開始時刻が早朝の場合は、電車やバスの運行がないので、それらを利用しない集合方法や搬送方法を決めておく。これは、調査終了時についても同様である。

２）協議・許可申請

◇調査を公道上で行う場合には所轄警察署に道路使用許可の申請を行い、調査実施前までに許可証を受けとる（図2.2～図2.4）。申請から交付まで１週間程度を要する。なお、道路管理者に対する路上作業届が必要となる場合もあるため、道路管理者への確認が必要である。

◇調査員や調査器材を私有地等に配置する場合には、所有者や管理者の承諾（許可）が必要である。

別記様式第六（第十条関係）

道路使用許可申請書

年　月　日

警察署長殿

申請者　住所

氏名　印

道路使用の目的		
場所及び区間		
期間	年　月　日　時から　年　月　日　時まで	
方法又は形態		
添付書類		
現場責任者	住所	
	氏名	電話

第　号

道路使用許可証

上記のとおり、許可する。ただし、次の条件に従うこと。

条件	

年　月　日

警察署長　印

備考　1　申請者が法人であるときは、申請者の欄には、その名称、主たる事務所の所在地及び代表者の氏名を記載すること。

2　申請者は、氏名を記載し及び押印することに代えて、署名することができる。

3　方法又は形態の欄には工事又は作業の方法、使用面積、行事等の参加人員、通行の形態又は方法等使用について必要な事項を記載すること。

4　添付書類の欄には、道路使用の場所、方法等を明らかにした図面その他必要書類を添付した場合に、その書類名を記載すること。

5　用紙の大きさは、日本工業規格A列4番とする。

図2.2　道路使用許可申請書・許可証

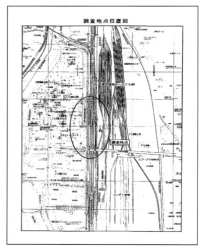

図2.3　道路使用許可申請書に添付する図
（調査地点位置図）

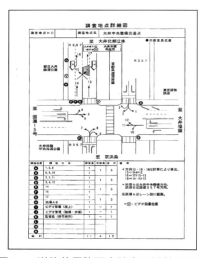

図2.4　道路使用許可申請書に添付する図
（調査地点詳細および調査員配置図）

3）連絡体制

◇調査現場（調査員および地点責任者）・地区責任者・巡回監督員・調査実施本部等からなる調査体制と連絡体制および連絡方法を決め、各担当者に周知しておく。また、連絡体制は調査の規模によりピラミッド状の構成とする。

（3）調査員の募集・確保・教育

調査員の募集は、様々な求人媒体（Web、SNS、求人情報誌等）により行うのが一般的である。また、大学等の学生課を通して募集を行う方法やシルバー人材センター、ハローワーク、人材派遣会社等を通して募集する方法もある。

以下に調査員募集・確保・教育にあたっての留意点を示す。

◇受付に際しては各人の連絡先のほか、予め定めた調査予備日にも参加可能か否かを確認し、事前の講習会の日時等必要事項も併せて通知する。

◇申込みの受付人数は、当日の欠席者を考慮して必要調査員数の5〜10％程度（募集する時期や地域によって異なる）多く設定する。

◇申込み者の名簿を作成する。各人の連絡先やその他の必要事項も併せて記載する。

◇申込みを受け付けた者に対して事前に講習を行う。講習は小規模な調査の場合は現地で行うこともできるが、事前に調査員を一同に集めて行った方が調査当日における調査員の歩留まり（出席率）の面からも効果がある。

◇講習会では調査の目的の他、各人の担当と調査の方法の確認、集合場所と集合時刻の確認、雨天や寒さなどに対して調査員各自が携行すべき装備（雨傘やレインコート、カイロなど）の確認、その他の注意事項について説明する。また、調査を実施するか否かを事前（多くの場合、前日）に、必ず問い合わせ確認するように徹底する。

◇なお、調査員等に対する報酬の渡し方についても事前に決めておく（支払い日・場所・方法など）。

（4）機材の準備

必要な資器材は調査地点ごとに明示し、予備の資器材を含めて仕分けをしておく。また、資器材や記入シートの防水対策（主に透明なビニール袋）も準備するとともに、天候の予報に基づき雨風対策、懐中電灯等も準備しておく。

2.1.2　調査の実施

（1）調査実施の判断と連絡

調査実施の判断・連絡時には、以下の点に留意する。

◇雨天が予想される場合は、特別な理由の無い限り調査を延期することになるが、調査員への周知に要する時間を考慮すると、調査の開始が朝7時の場合は前日の昼過ぎには決定する必要がある。

◇調査を延期する場合に備え、関係者と協議の上、調査実施の判断基準と判断の時期および決定責任者を予め決めておく。

◇調査員には、調査当日以前の予め定めた時間（事前の講習会で指示）に必ず電話を

入れさせ、調査を実施するか否かの確認を徹底する。調査が延期になった場合は、次の実施日を伝え対応可能か否かを確認し、後日再度確認の電話を入れるよう徹底させる。

(2) 計測と留意点

計測には数取器（マニュアルカウンター：図2.5）を用い、定めた時刻ごとに数取器の累加値を記録シート（図2.6）に記入する（各計測時間帯の交通量は集計段階で求める）。現地において累加値を記入するのは、数取器の値をゼロに戻している間の計測漏れを防止するためである。

現地での調査実施時には、以下の点に留意する。

◇調査員は腕章や安全チョッキ等を必ず着用して調査員であることを明示し、予め決められた配置場所で計測して自身の安全、及び歩行者等の通行を妨げないように注意し、通行車両や歩行者とのトラブルを避ける。

◇地点責任者は計測データのチェックを行い、補足・訂正を行うなどデータの信頼性を高めるとともに、調査員の安全管理、ローテーション指示、定時連絡などを行う。

◇各調査地点からの定時連絡を徹底させる。トラブルの有無に関わらずその箇所の状況を報告するために連絡させる。

◇巡回監督員は担当地点を巡回して実施状況の確認や調査精度の確保に関する指導、調査員の健康状態のチェック、また、必要に応じて弁当の配布等を行う。また、巡回時および計測終了時に現地でデータのチェックを行い、必要に応じて補足・訂正する等、データの精度の確保を図る。

◇終了後はゴミの後始末と清掃をし、私有地等を使用した場合は、終了の挨拶をする。

図2.5　数取器(マニュアルカウンター)

自動車交通量調査票

調査年月日:平成　年　月　日(　)

調査地点名:

調査方向																調査員氏名
	時間＼車種	小型乗用	小型貨物	大型乗用	大型貨物	二輪車	小型乗用	小型貨物	大型乗用	大型貨物	二輪車	小型乗用	小型貨物	大型乗用	大型貨物	二輪車	
01	7:00～ 7:15																
02	7:15～ 7:30																
03	7:30～ 7:45																
04	7:45～ 8:00																
05	8:00～ 8:15																
06	8:15～ 8:30																
07	8:30～ 8:45																

図2.6　計測交通量記入シートの例（部分）

2.1.3　集計・整理

（1）交通量集計表

方向別・車種別交通量調査の集計表の例を図2.7に示す。通常は各流入部の進行方向別に一つのシートとし、設定した集計間隔ごとに集計して作成する。さらに各流入部、および流出部計、各流出入計（断面計）を各々１つのシートにまとめる（交通量を集計して交通特性を表現する比率については、P.15を参考）。

交通量調査結果集計表

調査年月日:

平成　年　月　日(　)

調査時間:

7:00～19:00（12H）

調査地点:

交差点

調査方向案内図

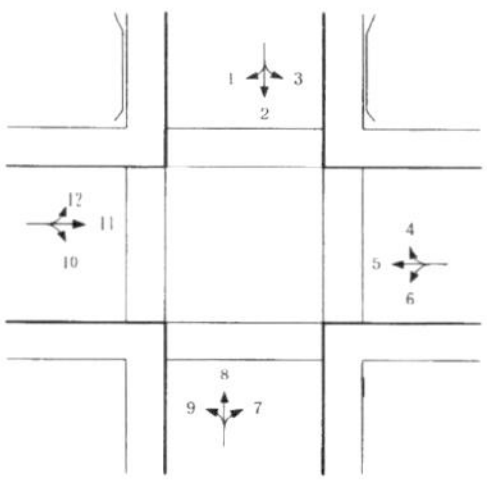

方向	方向：1							
時間＼車種	小型乗用車［台］	小型貨物車［台］	大型乗用車［台］	普通貨物車［台］	大型貨物車［台］	合計［台］	大型車混入率［%］	二輪車［台］
7:00- 7:15	159	97	3	45	7	311	17.7	55
7:15- 7:30	165	88	4	36	10	303	16.5	51
7:30- 7:45	176	112	5	41	8	342	15.8	39
7:45- 8:00	194	101	4	41	8	348	15.2	74
1時間計	694	398	16	163	33	1,304	16.3	219
8:00- 8:15	208	101	7	45	3	364	15.1	50
8:15- 8:30	188	85	3	58	3	337	19.0	69
8:30- 8:45	145	109	3	53	1	311	18.3	55
8:45- 9:00	164	101	7	42	2	316	16.1	45
1時間計	705	396	20	198	9	1,328	17.1	219
9:00- 9:15	143	89	4	33	4	273	15.0	44
9:15- 9:30	163	112	3	51	6	335	17.9	51

方向	方向：2							
時間＼車種	小型乗用車［台］	小型貨物車［台］	大型乗用車［台］	普通貨物車［台］	大型貨物車［台］	合計［台］	大型車混入率［%］	二輪車［台］
7:00- 7:15	2	0	0	0	0	2	0.0	0
7:15- 7:30	0	1	0	0	0	1	0.0	0
7:30- 7:45	0	0	0	1	0	1	100.0	0
7:45- 8:00	2	0	0	0	0	2	0.0	0
1時間計	4	1	0	1	0	6	16.7	0
8:00- 8:15	1	0	0	0	0	1	0.0	0
8:15- 8:30	1	0	0	1	0	2	50.0	1
8:30- 8:45	4	1	0	1	0	6	16.7	0
8:45- 9:00	3	1	0	1	0	5	20.0	1
1時間計	9	2	0	3	0	14	21.4	2
9:00- 9:15	3	2	0	0	0	5	0.0	0
9:15- 9:30	1	2	0	0	0	3	0.0	0

※本表のワークシートが交通工学研究会のホームページからダウンロードできます。詳しくは151ページを参照ください。

図2.7　交通量集計表の例（部分）

（2）交通量時間変動図

交通量時間変動図の例を図2.8に示す。大型車類と小型車類に分類し、大型車混入率を併せて示す。また、グラフは流入部、および流出部計、あるいは流出入計（断面計）を各々１つのシートにまとめる。また、必要に応じて進行方向別のグラフを作成する場合もある。

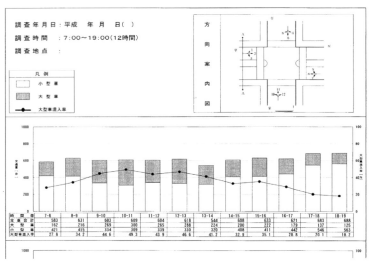

図2.8 交通量時間変動図の例（部分）

(3) 方向別交通流動図

　方向別交通流動図の例を図2.9に示す。交差点や単路部の形状に合わせ、方向別交通量を線の太さで示し、交通量や大型車混入率を併記するのが一般的である。また、ピーク時・昼間12時間計・24時間計などを必要に応じて作成する。

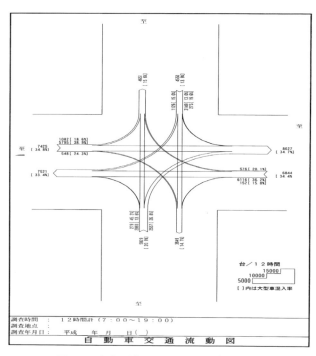

図2.9 方向別交通流動図の例（交差点）

参 考 交通特性を表現する比率

① 昼夜率

⇒24時間交通量(Q_{24})の昼間12時間(7〜19時)交通量(Q_{12})に対する比率

昼夜率＝$Q_{24}／Q_{12}$

② 重方向率(D値)

⇒重方向交通量の往復合計交通量に対する比率

ピーク時重方向率(%)＝max(Pu，Pd)/(Pu+Pd)

Pu：ピーク時上り交通量(台/時)、Pd：ピーク時下り交通量(台/時)

③ ピーク率

⇒ピーク時間交通量の24時間交通量に対する比率

ピーク率(%)＝$Q_{\mathrm{p}}／Q_{24}$

(※昼間12時間交通量に対する比率($Q_{\mathrm{p}}／Q_{12}$)を用いる場合も多い)

④ 大型車混入率

⇒大型車の全交通量に対する比率

大型車混入率(%)＝大型車交通量/全交通量

⑤ 右折率、左折率

⇒交差点におけるある流入方向の右・左折交通量のある流入方向全交通量に対する比率

右折率(%)＝右折交通量/流入部交通量

左折率(%)＝左折交通量/流入部交通量

2.2 歩行者類交通量調査

　単路部歩道、横断歩道、歩道橋等の立体横断施設、商店、地下街、駅のような施設への出入等が主な調査対象として実施される。

　調査の計画・準備から実施、データのとりまとめに至る一連の流れは「2.1　自動車類交通量調査」と同様であり、調査手法は人手（数取器）による場合がほとんどであるが、歩行者類の交通量調査特有のものもある。本節では自動車類交通量調査と異なる部分を中心に述べる。

2.2.1　調査にあたっての留意点

（1）全般

　歩行者類交通量調査は人手（数取器）による計測がほとんどである。その場合の留意点を以下に示す。

◇1つの断面を複数の調査員が範囲を分担して計測する場合は、各人の調査受持ち範囲を明確にし、調査員が容易にその範囲を識別できるようにする。特に歩行者の交通量が多く高密度の場合は、重複して計測してしまうことがある。

◇人数が多く高密度で移動する歩行者の数を計測する場合、必ずしも高い精度が要求されない場合、あるいは歩行者の属性（性別・年齢層・その他）を問わない場合には、調査員が目測で5〜10人単位に分けて数取器で計測することもできる。しかし、この場合には、事前にその計測精度について検証しておく必要がある。

◇人手（数取器）による計測において、所定の精度・目的を達することができない場合には、高所からビデオ撮影を行い、後日、動画を再生しながら計測を行う方法もある。ただし、この場合はカメラ位置の制約があり、読み取りに多大な時間を要する。

参　考

　機械による計測方法として、頭上に設置した赤外線感知器により歩行者数を計測する方法もある。これは鉄道駅の改札口等のように歩行者の列が整流化されているような場所に用いられる。また、専用ソフトを用いた画像処理により調査する例もみられる。

（2）横断歩道・立体横断施設等での調査

　横断歩道や立体横断施設等では、利用者数だけを調査する場合と、局所的なOD（起終点）を調査する場合がある。

1）利用者数調査

　方向別や歩行者の属性（性別・年齢層・その他）等ごとに、調査員が数取器を用いて計測する。また、歩行者数が多い場合には、高所からビデオ撮影を行い、動画を再生しながら計測を行う方法もある。

2）局所的なOD調査

a．横断歩道、立体横断施設

　利用状況を知るため、利用者がどの方向から来て、どの方向へ行くかという局所的なODを調査する。この場合の留意点は以下のとおりである。

◇利用者数が少なく、調査の範囲が狭ければ、調査員が対象とする歩行者を追跡して（あるいは目で追って）調べることもできる。ただし、目で追う場合は誤差が大きくなりやすい。

◇高所から撮影できる場合は、ビデオ撮影による方法が効果的である。

◇特殊な場合として、歩行者に配布位置の番号を付したカードを配布し、出口で回収してODを捉える方法もある。

b．鉄道駅構内

　どの改札口から、どのホームへ行ったか等の局所的なODを知りたい場合には、以下のような点に留意して調査を行うとよい。

◇予め決めた出発点（例えば改札口）ごとに、色や番号を変えたカードを作成し、利用者に配布する。

◇同様に、予め決めた到着点（例えばホーム階段）等で、配布したカードを回収し、カードの枚数から原OD表を作る。

◇同時に、各出発点・到着点では通過人数を計測し、通過人数とカード配布・回収枚数から原OD表を補正してOD表を作成する。したがって、この場合、歩行者交通量調査は不可欠である。

（3）単路部歩道・各種施設での調査

人手（数取器）によって行う場合がほとんどであるが、調査時間（期間）が長期にわたる場合、あるいは調査員の適当な配置場所が確保できないような場合には、ビデオ撮影による方法もある。

2.2.2　回遊調査

歩行者の交通行動を知るために、回遊調査を行うことがある。従来は被験者に調査票を渡して記入してもらう方法を用いた。この方法は比較的安価に調査を実施することができる反面、被験者の勘違いや記憶違いによる記入ミスが生じることがあり、とりまとめにも多くの時間を要する。

近年では携帯電話・スマートフォン等の位置情報サービスを利用する方法も行われている（プローブパーソン調査）。この方法では位置と時刻は自動的にほぼ正確に捉えられる一方、行動の目的やその内容を同時に調査することは難しいといった短所もある。

また、携帯型のGPS端末器を調査対象本人が携帯し、記録すべき事象が発生した時（例えば指定した地点を通過した時）に人手によって、あるいは設定した時間ごと（例えば10秒ごと、1分ごと等）に、時刻と位置（緯度・経度）を内蔵メモリーに本人が記録し、パソコンの地図ソフトと組み合わせて回遊状況を調査する方法も行われている。この場合、各人が行動の目的やその内容をその都度入力して記録することが可能である。

2.3　機械による観測

交通量調査は人手（数取器）による方法が一般的である。しかし、調査地点の状況により調査員の配置が困難な場合、また、調査時間や期間が長期にわたる場合、あるいは自動車の挙動調査等の調査と併せて行う場合などは、機械による計測の方が人手による場合よりも効率的に行えることがある。

以下に、ビデオカメラと車両感知器を用いて交通量調査を行う場合の留意点を述べる。

2.3.1　ビデオカメラによる方法

ビデオカメラを用いて交通量調査のみを行うことは稀であり、通常は自動車の旅行速度調査や挙動調査等を兼ねて実施する（3.1.1参照）。

（1）ビデオカメラ

ビデオカメラを利用する場合には、道路管理者が設置したCCTVカメラ等の画像を用いる場合（この場合、撮影地点や方向が限定される）と、ビデオカメラを現地に設置して撮影する場合がある。ここでは、後者について説明する。

（2）計測方法

建物屋上等の高所からビデオ撮影を行い、動画を再生して交通量を計測する。交差

点・単路部・分合流部・施設・PA・SA等のいずれの場合にも適用可能である。

調査実施前の準備や調査中の留意点は「3.1.1(2)」と同様であるが、ビデオカメラを設置する施設の所有者や管理者の許可を得る必要がある。また、所轄の警察署に連絡をしておいた方が、無用なトラブルを避けることができる。後者の場合、道路使用許可の申請を求められる場合もある。

(3) ビデオカメラによる方法の留意点

ビデオカメラを用い調査を行う場合には、以下の項目について留意する。

◇現地踏査によって、ビデオカメラ設置位置と撮影範囲を確認し、必要な情報が画面から読み取れるか否かを確認する。

◇ビデオカメラやその他器材の、落下や転倒防止等の措置を行う。

◇ビデオカメラやその他器材を覆うビニールシート等による降雨時の対策を行う。

◇予備バッテリーの準備

特に撮影が長時間にわたる場合には、大容量バッテリーの準備や交流100V電源の確保(パワーパックを用いる場合)等をする。また、外気低温時はバッテリーの消耗が早いため、バッテリーを保温した方が良い。

◇予備のビデオカメラを準備しておく。

◇動画データはオリジナルを残し、読み取り(集計・解析)には複写データを用いた方が、データ保護の面から安全である。

図2.10 ビデオカメラによる撮影
(写真提供：㈱アーバントラフィックエンジニアリング)

図2.11 道路管理者のCCTVカメラ
(写真提供：首都高速道路㈱)

(4) データ整理

読み取りは撮影した動画を再生しながら人手により行うのが一般的であるが、この場合は多大な時間を要する。最近では、パソコンを用いた画像処理解析により、計測処理のかなりの部分が省略できるようになり、省力化という面から有効である。ただし、撮影条件や解析内容の制約を受ける場合がある。

2.3.2 車両感知器による方法

単路部での利用が一般的であるが、交差点の場合にも利用可能である。交差点で行う場

合、流入交通量は計測できるが、方向別交通量は専用車線ごとに車両感知器が設置されていない限り計測はできない。

また、車種区分については、車種別の計測（集計）ができない場合が多く、車種分類の機能を持つ車両感知器の場合でも車種分類数や精度において人手による場合に比べ劣る。

（1）固定式

道路管理者や交通管理者が設置した車両感知器のデータを用いる方法である。

計測位置が既設の固定された箇所となるが、データが保存されていれば、過去のデータを利用することも可能である。

データの利用に際しては、通常は、調査箇所の道路管理者や交通管理者に事前に依頼しなければならないが、近年は、インターネットでデータが公表されている箇所もある。

（1車線当たり2個1組となっているのは、速度を計測するため）

図2.12　固定式車両感知器（オーバーヘッド式）　図2.13　固定式車両感知器（サイドファイア式）
　　　　（写真提供：首都高速道路㈱）　　　　　　　　　　（写真提供：首都高速道路㈱）

（2）可搬式

持ち運び可能な可搬式の車両感知器をガードレール等に設置し計測する方法である。交通規制を行うことなく、任意の箇所に容易に設置・撤去でき、多様なニーズに対応することが可能である。ただし、バッテリー容量により計測可能な期間が制約を受ける（詳細については参考資料Ⅱ参照）。

第3章　速度調査

　速度には、地点速度と区間速度がある。地点速度とは、1台の車両の特定地点における瞬間的な速度である。区間速度とは、ある程度の長さのある区間における平均的な速度である。区間速度は走行速度と旅行速度に分類される。走行速度は、当該区間の通過に要した時間のうち停止時間を除いた走行時の平均速度であり、旅行速度は、停止時間も含めた平均速度として定義される。

3.1　地点速度調査

　地点速度調査は、道路条件によって左右されやすいので調査位置の選定には注意を要する。また、計測者や計測機器の存在が運転者の挙動に影響しないよう配慮することも重要である。

3.1.1 調査方法

　通常用いられる調査手法には、次のようなものがある。このうち、厳密な意味での瞬間速度を計測するのは、ドップラー計測器による方法のみで、他の方法では2点間の経過時間を利用して求めるが、その距離が短いため地点速度とみなしている。

（1）人手（ストップウォッチ）による方法

　計測区間を見渡せる場所（歩道橋の上等）にいる計測者が、ストップウォッチによって各車の区間通過時間を計測する方法であり、通常はサンプリング調査である。この調査には人手による計測動作上の誤差が発生するので、30〜50mの計測長が必要である（速度が高いほど長い計測長を要する）。

（2）ビデオカメラによる方法

　計測区間を見渡せる場所（ビルや歩道橋の上等）でビデオ撮影した記録メディアから、2地点の通過時刻を読み取り、その所要時間から走行速度を求める。記録メディアに録画するため、調査後に再生してデータ読み取りが可能であり広く用いられている手法である。

1）ビデオカメラの設置

　ビデオカメラの設置手順は以下のとおりである。

　◇道路状況を俯瞰できるビルの屋上または屋内などに設置する。適当な高所が周辺にない場合には、路側や標識柱、照明柱などへの設置を検討する。

　◇撮影範囲は対象2地点が収まる範囲とする。対象地点を通過した時刻を記録する必要があり、車両が明確に視認できる様に画角、撮影範囲を設定する。

　◇設置は、調査時の風や雨にも耐えられる場所とする。

　◇電源はバッテリー、発電機、AC電源等であるが、設置場所でいずれの電源が使用可能かどうか事前に確認しておく。

2) 調査の実施

調査の実施手順は以下のとおりである。

◇ビデオテープなど記録メディアの動作の確認をする。

◇時刻が記録可能なビデオカメラは、時報に合わせる。特に複数台のビデオカメラを使う場合にはビデオカメラ間の時刻を同期させる。

◇記録メディアの残量を時々チェックし、少なくなった時点で新しい記録メディアに交換する。

◇撮影開始後すぐに時刻を音声で録音する。または、基準時計等をスーパーインポーズさせる。なお、記録メディア交換後も同様の作業を行う。

◇交通状況をノートなどに記録しておく。

3) データ整理

撮影した記録メディアをもとに速度を算定する。手順は以下のとおりである。

◇対象とする車両を決定する（走行車線／追越車線、全数／抽出）。なお、全数を計測することは膨大な作業となるため、1分間で5台程度を抽出して算定する方法もある。

◇記録メディアの映像を確認し、画面上の2地点（A、B地点）をマーキングする（図3.1）。

図3.1　撮影画面

◇車両のどの部分がマーキング部を通過した時とするか、事前に決めデータを処理する。

◇各車両がA地点、B地点を通過した時刻を集計表（表3.1）に記入し、A地点、B地点の通過時刻から2地点間の時間差を算定する。

◇計測しておいた2地点間の距離と算定した時間差からAB地点間の速度を算出する。

表3.1　集計表

車両No	A地点通過時刻	B地点通過時刻	所要時間 C=B-A（秒）	距離 D（m）	速度 E=D/C(m/s) F=E*60*60/1000(km/h)
1					
2					
3					

◇なお、画像処理により、半自動あるいは自動的に時刻を解析するソフトも開発されており、それらを用いれば速度算出は容易である。

（3）ドップラー計測器（レーダー・スピードメータ等）による方法

固定した送信器から放射された波動が移動物体で反射した場合、反射波の周波数は元の周波数とは異なったものとなり、その差（ドップラー周波数）は移動物体の速度に比例する。このドップラー現象を応用し、波動として電波を用いた機器がレーダー・スピードメータである（図3.2）。

計測精度は非常に高いが高価であり、無線免許および無線従事資格が必要となる。設置の方法により頭上式と斜上式とがあり、状況により使い分ける。

図3.2　レーダー・スピードメータ

なお、レーダー式に比べ精度は若干劣るが、同様の原理で計測するものに超音波ドップラー式車両感知器がある。超音波の伝播速度は大気温度により異なるため、ヘッド内に温度検出素子を内蔵して補正している。

また、簡便な計測方法としてスピードガンを使用し速度を計測する方法もある。

以上の(1)～(3)の3つの方法は、現場において直接的に車両速度を計測するものである。この他、以下に述べる既設施設による計測データを利用できることもある。

（4）既設車両感知器による方法

道路管理者や交通管理者が設置した車両感知器のデータが利用できる場合があるが、計測位置は固定されている。ループコイル式や超音波式などの車両感知器を用い、道路上のある地点での通過車両の速度を自動的に計測する方法がある。

データが保存されていれば、過去のデータを解析することも可能であり、調査員が現地に行く必要はない。ただし、計測データは公表されていないので、データの収集にあたっては該当する道路管理者や交通管理者の許諾が必要である。

1）データの収集

車両感知器を管理している道路管理者や交通管理者に対して、過去の保存されているデータを箇所、日時、データ種類、データ周期、収集媒体等を指定して依頼する。管理者やデータ内容によってはデータを保存していなかったり、データ保存期間が限られている場合があるので、収集日以前に確認、依頼することが必要である。

2）集計・解析

　車両感知器による速度データは、集計単位（時間、車種、車線など）毎の平均データとして出力される。車両感知器データは、交通量データと合わせて一定期間蓄積可能であることから、設置地点における交通特性（季節、月、曜日、平日・休日、時間帯）を把握する場合に活用できる。その反面、計測場所が車両感知器設置箇所に限定されることや、集計値であるため個々の車両速度分布状況の分析はできない。また、車両感知器設置場所は運転者に心理的影響を与えることがあり、収集する際に注意する必要がある。

参 考　車両感知器の種類

超音波式車両感知器
　超音波式車両感知器は、超音波送受器から超音波を路面に向けて間欠的に発射し、車両からの反射波と路面からの反射波を比較して、車両の存在を感知する。

光学式車両感知器
　光学式車両感知器は、赤外線投受光器から赤外線を路面に向けて発射し、車両からの反射波と路面からの反射波を比較して、車両の存在を感知する。また、車載装置との双方向通信にも使用する。

マイクロ波式車両感知器
　マイクロ波式車両感知器は、マイクロ波送受器から路上を走行する車両へマイクロ波を発射して、車両からの発射で発生するドップラー周波数によって車両の速度を計測し、発射レベルの変化から車両の存在を感知する。

ループコイル式車両感知器
　ループコイル式車両感知器は、車路に埋設されたループコイルが作る高周波磁界に車両のような金属製の物体が入ることにより、コイルの電気的定数が変化することを利用して車両を感知する。

画像式車両感知器
　画像式車両感知器は、CCTVカメラ等により車線を走行する車両を撮像し、画像処理することにより、車両の存在を感知し、併せて車両の速度や車種を計測する。

| 超音波式車両感知器 | 光学式車両感知器 | マイクロ波式車両感知器 |

3.1.2　計画・準備

調査の実施に先立ち、現地調査、必要な協議・許可申請を行い、実施計画書を作成し、関係者間で確認する。

（1）現地調査

現地調査では、以下の点について確認を行う。

◇調査地点の道路交通状況（道路構造、交通量、車群状況等）から、人員配置を決め、機材設置箇所の選定を行う。

◇計測の目印となるポイントを決定する。目印は車線境界線などの路面標示やコンクリート舗装の目地などが有効である。計測が困難な場合や目印となるポイントが少ない場合は、テープやペイント標示を行う。

◇対象となる地点間の距離を計測する。距離の計測は、実際に計測することが望ましいが、それが不可能な場合には、道路地図、住宅地図から読み取る。

（2）実施計画書の作成

現地調査をもとに、実施計画書を作成する。実施計画書には以下の項目を記載する。

・実施日、時間（予備日）
・調査地点
・調査方法（計測、集計、解析方法）
・必要機材
・調査員の配置
・調査時の体制
・調査員との連絡方法
・事故発生などの緊急時の連絡体系

（3）機材調達・設置

必要な機材を事前に用意し、動作確認を行う。門柱や路側等に機材を設置する場合には、交通規制が必要なことがある。また、事前（前日の夜間など）に機器設置が必要となる場合もある。

（4）調査員の教育

アルバイト等の調査員を活用する場合は、計測結果の記入方法や機材の取扱い方など、プレ調査（キャリブレーション等）を具体的に実施し、調査員の習熟度の向上を図っておく。

（5）留意事項

道路上（歩道、横断歩道橋等）で調査を行う際や、機器の設置に交通規制を伴う場合は、道路管理者だけでなく、所轄の警察署に道路使用許可を申請し、許可を受ける。道路使用許可の申請は、通常1週間程度を要するため、事前に余裕を持って手続きする。

3.1.3 集計・解析方法

前記の計測方法により得た地点速度データは、集計用紙に整理し、グラフ化するとともに、調査目的に合わせデータ解析、統計処理を行う。なお、本項の(1)、(2)では「交通調査マニュアル」を参考、引用して記述している。

(1) 速度分布表・速度分布図

集計は、速度を例えば5km/hごとのグループ別に分類し、各々の頻度、相対頻度（百分率）を求め、頻度分布表（表3.2）に整理する。また、この速度グループ別の相対頻度をグラフ化したものが速度の分布図（図3.3）であり、各グループ別の上限値について累加分布百分率をグラフ化したものが速度の累加曲線図（図3.4）である。ここに示した図表は、調査地点での通過全交通量の地点速度の傾向を包括的にとらえる基本的なものであり、整理・解析で最初に行う重要な作業である。

表3.2 地点速度の頻度分布表

路線(地点)	方向	速度(km/h)	車種	大型車 バス 頻度	百分率(%)	貨物 頻度	百分率(%)	小計 頻度	百分率(%)	普通車 乗用 頻度	百分率(%)	貨物 頻度	百分率(%)	小計 頻度	百分率(%)	計 頻度	百分率(%)
晴海通り	三原橋方向へ	7:30〜8:30	20-25	1	7.1			1	1.6	1	0.5			1	0.4	2	0.6
			25-30	2	14.3	1	2.1	3	4.9							3	0.9
			30-35	5	35.7	6	12.8	11	18.0	3	1.6	3	4.0	6	2.3	17	5.3
			35-40	4	28.6	9	19.1	13	21.3	11	5.9	15	20.0	26	10.0	39	12.1
			40-45			6	12.8	6	9.8	30	16.2	12	16.0	42	16.2	48	15.0
			45-50			15	31.9	15	24.6	57	30.8	22	29.3	79	30.4	94	29.3
			50-55	1	7.1	4	8.5	5	8.2	40	21.6	11	14.7	51	19.6	56	17.4
			55-60			3	6.4	3	4.9	22	11.9	8	10.7	30	11.5	33	10.3
			60-65	1	7.1	3	6.4	4	6.6	16	8.6	3	4.0	19	7.3	23	7.2
			65-70							2	1.1	1	1.3	3	1.2	3	0.9
			70-75														
			75-80							2	1.1			2	0.8	2	0.6
			80-85							1	0.5			1	0.4	1	0.3
			計	14	100.0	47	100.0	61	100.0	185	100.0	75	100.0	260	100.0	321	100.0

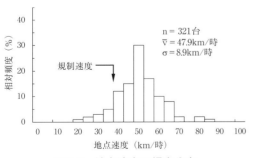

図3.3 地点速度の頻度分布

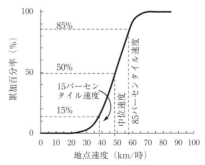

図3.4 地点速度の累加曲線図

（2）速度の統計値

　これらの図表を使用し速度分布の代表値（平均値、パーセンタイル速度、分散）、その他必要な値を求める。主な指標を以下に示す。

１）平均値・平均速度

　平均値とは、速度分布の中心的位置をあらわす代表的な速度で、速度の統計には最もよく用いられる。これは次式で示されるもので平均速度という（調査例の平均速度は、後述の時間平均速度に当たる。表3.3参照）。

$$\overline{V} = \frac{\sum f_i \, v_i}{n}$$

　　$\overline{V}$　：平均速度
　　v_i　：グループ別速度の中間値
　　f_i　：グループ別速度の頻度
　　n　：計測車両の合計台数

　なお、速度の平均値には、一般に使用する時間平均速度$\overline{V_t}$（Time Mean Speed）と空間平均速度$\overline{V_s}$（Space Mean Speed）の２つがある。

　時間平均速度は、ある地点通過時の個々の車両の速度を平均したものである。i車が短計測区間長Sを通過する所要時間をt_iとすると、次のように表される。

$$\overline{V_t} = \frac{\sum \dfrac{S}{t_i}}{n}$$

　空間平均速度は、その時点での速度がその区間内でそのまま保持されるとした時の速度、換言すればある時刻にある区間内に存する個々の車両の速度を平均したものであり、次のように表される。

$$\overline{V_s} = \frac{S}{\dfrac{\sum t_i}{n}}$$

　この両平均値は同一ではなく、空間速度の標準偏差をσ_sとすると両値の間には次式の関係があり、σ_s^2が０でない限り、時間平均速度は空間平均速度より高い。

$$\overline{V_t} = \overline{V_s} + \frac{\sigma_s^2}{V_s}$$

　通常計測されるのは前者の時間平均速度であるが、事前事後調査や数年来の速度データを比較検討するような場合は、異なる平均値を比べないよう注意しなければならない。

２）標準偏差・速度のバラツキ

　平均値のまわりにデータがどのように散らばっているか、つまり速度のバラツキ程度を示すのが標準偏差であり次式で示される。

$$\sigma = \sqrt{\frac{1}{n-1}\left[\sum v_i f_i - \frac{1}{n}\left(\sum v_i f_i\right)^2\right]}$$

σ　　：標準偏差

v_i　　：グループ別速度の中間値

f_i　　：グループ別速度の頻度

n　　：計測車両の合計台数

速度分布（図3.3参照）が正規分布する場合には、平均値から±1σ、±2σ、±3σの範囲内に、各々全計測車両の概ね68％、95％、99.7％を含むことを意味している。また、標準偏差が大きいということは、平均速度のまわりの速度のバラツキ程度が大きいことを示している。

3）中央値・中位速度

平均値のほかに、分布を代表するのは中央値である。これは、計測値を小さい順に並べたとき、ちょうど中央（50％）になる値である。このとき速度値を中位速度と称し、分布に偏りがある場合に利用される。

中位速度は、速度累加曲線図（図3.4）の50％に相当する速度を読み取ることで求められ、調査例（図3.4）の中位速度は48km/hである。

4）最頻値・最多速度

最頻値は、最大の頻度を持つ計測値を意味し、中央値などと同じように分布に偏りがある場合に用いられる。このときの速度を最多速度と称している。

最多速度は、速度頻度分布図の最大％に相当する速度を読み取って求める。調査例（図3.3）の最多速度は47.5km/hである。

5）パーセンタイル速度

速度累加曲線図の縦軸上のパーセンタイルに対応する速度は、その速度以下で走行する車両の割合を示している。このとき速度をパーセンタイル速度と称しており、速度特性を考える上で非常に重要な尺度である。パーセンタイル速度のうち、よく使用されている速度を以下に示す。

　a．85パーセンタイル速度

　　　沿道に家屋の連担が見られない地方部幹線道路などで最高速度規制を考える際の指標的速度の一つとされている。すなわち、このパーセンタイル速度を超える速度は、運転上、安全性を欠くといわれている。同様な意味で都市部幹線道路などでは、75パーセンタイル速度を問題にすることもある。調査例（図3.4）の85パーセンタイル速度は、速度累加曲線図より57km/hと読み取れる。このことは、全車両の85％が57km/h以下の速度で走行していることを示している。

　b．50パーセンタイル速度

　　　先に述べた中位速度と同じ値となる。

c．15パーセンタイル速度

　最低速度規制などを考える際の評価尺度の一つである。すなわち、このパーセンタイル速度より低い速度値で走行する車両は、他の交通への障害となりがちで、事故へつながる危険性があるといわれている。調査例（図3.4）の15パーセンタイル速度は、速度累加曲線図より38km/hと読み取れる。

　これらの調査結果は、表3.3のように整理する。

表3.3　地点速度調査結果

調査路線	方向	時間	車種		平均速度(Km/h)	最多速度(Km/h)	85パーセンタイル値(Km/h)	50パーセンタイル値(Km/h)	15パーセンタイル値(Km/h)	標準偏差(Km/h)	速度のひずみ	遵守率(%)	平均超過速度(Km/h)
晴海通り	三原橋方向	7:30〜8:30	大型車	バス	36.1	32.5						85.7	17.5
				貨物車	44.6	47.5						34.0	9.6
				全大型車	42.7	47.5	53.0	42.0	32.0	9.6	1.2	45.9	10.1
			普通車	乗用車	50.0	47.5						8.1	11.3
				貨物車	37.9	47.5						24.0	10.0
				全普通車	49.1	47.5	58.5	48.5	40.5	8.3	1.1	12.7	11.0
			全車種		47.9	47.5	57.0	48.0	38.0	8.9	1.0	19.0	10.8

（3）交通量と地点速度の関係

　道路の特性を示すものとしてQ－V図がある（図3.5）。これは、交通量と地点速度の関係をプロットしたもので、交通容量等の解析に用いられる。通常5分間ごとの空間平均速度と交通量をプロットしたもので、渋滞が発生する場合には、渋滞前後の捌け交通量を分析することができる。

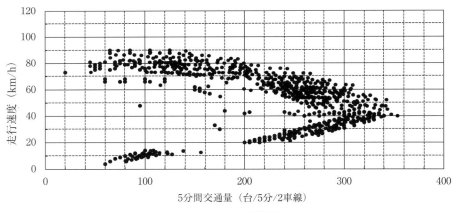

図3.5　Q－V相関図

3.2.1　調査方法

3.2　区間速度（旅行時間）調査

　区間速度調査は、ある区間の平均的な速度を求めるための調査で、一般に主要な路線における走行性を評価したり、交通運用方法を検討するのに必要となる。対象区間は途中で大量の出入交通のない部分、例えば、主要な交差点間を1区間として設定する。

3.2.1　調査方法

（1）試験車走行法

　試験車走行法は、定められた道路区間を試験車で繰り返し走行して、旅行時間や停止時間を測り、旅行速度（区間速度）を算出するものである。この手法は、一般道路および自専道（自動車専用道路）などあらゆる道路で可能であり、旅行時間の計測としては最も簡単で広く用いられている。

1）試験車走行法の種類

　試験車走行法には以下の2つの方法がある。

　ａ．フローティングテスト法

　　試験車が他の車に追い越された回数と、他車を追い越した回数とが等しくなるように走行する方法である。ただし、重交通の道路や片側3車線以上の多車線道路、過度に交通の閑散な地方部道路においては正確さにかける。

　ｂ．平均走行テスト法

　　運転者が平均流に近いと判断する速度で走行する方法であり、他の車両に並行あるいは追従して走行する方法が一般的である。

2）留意事項

　試験車走行法に特有な留意点は以下のとおりである。

◇試験車両の転回場所や待機場所の確認、およびそれに要する時間を考慮しておくことも大切である。

◇深夜の調査になる場合は、待機場所がアイドリングなどで周辺の住民に迷惑とならないような配慮が必要である。

◇試験車（台数は対象区間長や走行所要時間等により決める）の車種は、基本的に乗用車とする。

　参考として、平成27年度全国道路・街路交通情勢調査一般交通量調査実施要綱おける旅行速度調査の例を示す。

参　考　平成27年度全国道路・街路交通情勢調査一般交通量調査
　　　　調査要綱における旅行速度調査（平成27年９月）

　　調査は、他の全国道路・街路交通情勢調査（以下、他の調査）結果と比較・参照できることが望ましいことから、他の調査が行われる秋季（９月〜11月）の平日に方向別旅行速度（混雑時及び昼間非混雑時）を計測する。なお、任意の日に実施してよいが、月曜日、金曜日、祝祭日の前後の日及び台風等の異常気象の場合その他の通常と異なる交通状態が予想される日は避けるようにする。

　　混雑時については、朝のラッシュ時間帯（午前７時〜午前９時）又は夕方のラッシュ時間帯（午後５時〜午後７時）のうち、上下線それぞれが混雑する時間帯に、それぞれ計測するものとする。昼間非混雑時については、日中の時間帯（午前９時〜午後５時）のうち、任意の時間帯に、上下線それぞれ計測するものとする。但し、上下線で旅行速度が大きく異なることはないと考えられる場合は、上下線共通の調査としてどちらか１方向のみの計測としてもよい。また、朝夕も混雑が見られない区間については、混雑時と昼間非混雑時の共通の調査として、昼間12時間（午前７時〜午後７時）の任意の時間帯の計測としてもよい。なお、工事や作業に伴う通行規制（通行止め、片側交互通行規制、車線通行規制）の実施時間帯はこれを避けるようにする。

　　計測回数は、原則１回とする。ただし、代表沿道状況（区間内での沿道状況別延長のうちもっとも長い沿道状況）が人口集中地区（DID）の区間については３回計測するものとし、その平均値を旅行速度として採用する。３回調査は同一日ではなくてもよい。

　　計測方法としては、道路管理者が日常業務を兼ねた計測方法とプローブカーを使用した計測方法がある。

３）調査の実施

　調査の実施手順は以下のとおりである。

　◇計測は運転手、指揮者、時計係（記録係を兼ねる）の３人で行う。ただし、事前に運転手が走行経路の確認を十分にできている場合は運転手が指揮者を兼ねても良い。

　◇指揮者は走行経路に従って試験車を走行させ、計測区間の起点通過時に時計（記録）係に調査開始を指示する。また、チェックポイントの通過、発信・停止、停止理由の指示を行う。

　◇時計（記録）係が、途中のチェックポイントの通過時刻や、停止・発信時刻をその都度読み取り、用意した計測記録用紙（表3.4）に秒単位で記入する。

　◇このとき、遅れ（停止や徐行）の位置および事前に設定した原因・状況（工事、事故等）もあわせて記録しておく。

　◇この繰り返し作業を計画した計測回数分実施する。

◇原因・状況は、項目を設定しておく。その項目例を以下に示す。

　　・信号停止　・右折車　・左折車　・歩行者　・駐車車両　・人の乗車
　　・荷物の積み降ろし　・交通事故　・催し物　・交差街路からの流入　・救急車
　　・交通集中渋滞　・幅員減少　・工事　・その他

表3.4　区間速度計測シートの例

走行調査表

調査　日：平成○年○月○日(○)
調査区間：ルート1-1　(○○○〜○○○)
天　　候：晴れのち雨
出発時刻：○○：○○　到着時刻：○○：○○
調査員：○○：○○　到着時刻：○○：○○

遅れ・停止原因			
1:信号待ち	2:先詰まり	3:右折、対向直進	4:左折車
5:工事、事故	6:緊急車両	7:大型車	8:二輪車
9:歩行者	10:駐車車両	11:バス停、バスレーン	12:沿道出入車両
13:道路線形	14:交差点形状	15:車線減少	16:信号現示不適
17:その他(理由)			

7時台

チェックポイント	通過時間	1回目 停止	理由	発進	2回目 停止	理由	発進	3回目	4回目	5回目	6回目	7回目
1)黒川	00：00	00：50	1	01：20								
2)清水4	03：15											
3)清水駅西	03：50											
4)清水口	05：05	04：15	1	04：45								
5)東片端	06：16	05：55	2	06：10								
6)高岳	06：49											
7)東新町	08：37	07：22	2	08：09								
8)丸田町	12：11	09：09	2	09：50	10：44	2	11：36					
9)鶴舞公園	15：11	13：07	1	14：46								
10)東郊通2	15：52											
11)円上	16：42											
12)高辻	17：17											
13)雁道	18：55	17：47	1	17：57								
14)堀田通り5	19：41											
15)牛巻	21：57	20：21	1	21：45								
16)堀田通り7	22：49	22：29	2	22：35								
17)地下鉄堀田	24：46	23：14	2	24：30								
18)松田橋南	26：18	25：28	2	25：44								
19)千磨通り	28：09	26：55	1	27：46								

　ａ．計測回数

　　　走行頻度は、交通状況にもよるが、計測精度を高めるため1方向・1時間あた
　　り、1〜2回実施する。調査実施の際には、対象区間長から旅行時間を予想し、必
　　要な台数の試験車を用意しておく必要がある。

　ｂ．計測時間帯

　　　計測の時間帯は目的によって異なるが、毎正時に出発し調査時間帯全体（例：昼
　　間12時間7：00〜19：00）の傾向を把握する方法や、午前・午後のピーク時および
　　オフピーク時の3時間帯を調査し、各時間帯の傾向を把握する方法がある。

（2）車両番号照合による方法（ナンバープレート調査）

　　比較的長距離の区間の旅行時間を調査する場合に用いられる手法である。主として、
路線単位等の旅行速度、旅行時間の計測に用いられる。対象区間の両端に調査員を配置
し、通過車両の登録番号（ナンバープレート）と通過時刻を記録し、調査後、両地点で
記録された登録番号を照合して、個々の車両の旅行時間を算出する。簡便に計測でき、
区間速度の分布も得られるのが利点であるが、データ処理に手間がかかる。

　　車両番号照合による方法（ナンバープレート調査）は、野帳へ記録する方法、ICレ
コーダーへ記録する方法、ナンバープレート自動観測装置を用いる方法などがある。

この方法は、所要時間の計測だけでなく、経路調査においても用いられる。具体の方法は「第8章　経路調査」において述べる。

（3）ビデオカメラによる方法

　　試験車にビデオカメラを搭載して、調査対象区間を走行し、ビデオ記録をもとに計測地点間の旅行時間を計測する。撮影したビデオ記録から計測地点の通過時刻を読み取り、旅行時間を算出する。具体的な調査方法は「3.1.1(2)　ビデオカメラによる方法」と同様である。

（4）AVIシステムによる方法

　　AVIシステムとは、Automatic Vehicle Identification System（車両自動認識システム）の略であり、特定車両の旅行時間を直接、自動的に計測するシステムである。車両に搭載された発信器からの電気信号を路上のループアンテナから、路側に設置された中継器を経て中央処理装置に伝送し、車両の各アンテナ通過時の時刻、車載器番号を地点情報として旅行速度を算出する。通常、オンラインで収集されている旅行時間情報データを解析する。

　　道路管理者や交通管理者が設置した交通管制機器の一部であり、観測位置は固定されている。大部分が特定な目的で設置されており、設置場所は少ない。昼夜を問わず、24時間の連続観測が可能である。

　　AVIシステムの特徴は、以下のとおりである。

　　◇比較的長距離区間の旅行時間を算出する際に用いられる。

　　◇対象となる区間内に2地点以上のAVI装置の設置が必須である。

　　◇通常、車両の捕捉率は約8割といわれているが、システム、地点によりばらつく。

1）計測地点の選定

　　調査対象区間内にAVI装置が既設置されているか否かを担当者または道路管理台帳、交通管制機器台帳から把握する。なお、道路管理台帳は道路管理者（国土交通省、自治体）の関係部局で管理されており、交通管制機器台帳は、道路管理者の現場管理事務所あるいは、交通管制室等で管理されている。

　　調査対象区間内にAVIカメラが未設置（一部分設置も含む）の場合は、AVIシステムと他の調査手法を組み合わせた以下の方法についても検討しておく（図8.6参照）。

　　・AVIシステムと人手によるナンバープレート観測の組み合わせ

　　・AVIシステムと可搬式ナンバープレート自動観測装置との組み合わせ

2）AVIカメラの設置

　　a．AVIカメラの設置位置の確認

　　　　AVIカメラが実際に取り付けられている箇所を現地調査し、調査に必要なデータが収集できるか否かを確認する。例えば、高速道路上の集約料金所付近に設置されているAVIカメラの場合、料金所ブース上の一部のみに設置されている場合が多く、通過交通の全数を把握することはできない。

　　b．収集可能なデータの確認

　　　　AVIシステムで収集できるデータ内容（ナンバープレートの全情報、あるいは一

部情報）を確認する。また、各道路管理者により、データ構造が異なるため、担当者とデータフォーマット、記録媒体等について確認、調整しておく。なお、管理者によっては、個人情報保護のため、ナンバープレート情報を16進数に変換したり、固有の管理番号を割り当てる場合もある。

3）調査の実施

調査の実施手順は以下のとおりである。

◇AVIシステムを管理している道路管理者や交通管理者に対して、収集する箇所、日時、データ種類、データ周期等を依頼する。

◇通常は、過去の保存されているデータを収集するが、管理者によってはデータを保存していなかったり、データ保存期間が限られている場合があるので、収集日以前に確認、依頼することが必要である。

◇データの記録メディアは事前に確認し、外付けHDD、USBメモリーなど必要な電子メディアを準備する。

4）集計・解析

集計・分析方法は以下のとおりである。

◇収集したAVIシステムのデータを整理する（調査地点、ナンバープレート情報および通過時刻が分かるようにしておく）。

◇以降は「3.2.1(1)　試験車走行法」の場合に述べた集計分析方法と同様の方法で進めることになる。

（5）プローブカーによる方法

プローブカーは、GPSやジャイロセンサを用いて、車両の位置、走行速度、時刻を記録あるいは発信できる装置を搭載した計測車両である。記録データをデジタル道路地図（DRM）とマッチングさせることにより、走行速度や旅行速度を調査できる。最近では機器の利用も容易になり、かつ精度も向上したことから利用例が急速に増えている。

1）システムの種類

プローブカーデータの収集方法には、「オンライン方式」と「オフライン方式」がある。

a．オンライン方式

携帯電話等のパケット通信網を利用することによりセンター装置に走行データを収集する。データの活用方法、システムの規模により運用コストが大きく異なる。調査の目的、規模に応じて車載器、通信システム、データの収集周期を検討した上で判断する必要がある。

b．オフライン方式

個々の車両1台1台に車載器システムを搭載し、車載器に取り付けられたメモリーカードに記録されたデータを収集する方式である。この方式は、調査専用車にシステムを搭載するだけでなく、例えば道路管理者の管理車、商用車（タクシー、運送トラック）など様々な車両に搭載し、対象区間を日常的に走行する車両データを収集することも可能である。

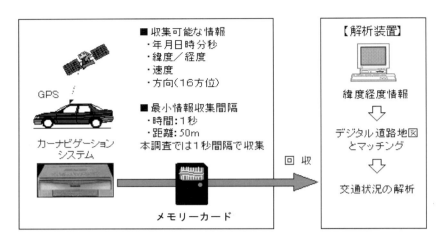

図3.6　プローブカーシステムの例（オフライン方式）

2）調査の実施

調査の実施にあたっての留意事項は以下のとおりである。

◇調査箇所の状況によって調査サンプル数を設定する。一般的に混雑の激しい区間で平均的な旅行速度が得られるサンプル数は、計測精度を高めるため時間当たり10サンプル程度と言われている。したがって、車載器搭載車両の台数、データ取得期間、走行ルートの距離を通して確保すべきサンプル数との関係を踏まえてプローブカーの走行計画を作成する。

◇タクシーなどの商用車にシステムを搭載して調査を実施する場合は、搭載するタクシー会社との合意は当然であるが、個々のタクシードライバーに対しても、調査目的および調査の内容について十分説明し、理解を得ておくことが必要である。

3）集計・解析

調査後のマップマッチングによる解析方法は以下のとおりである。

◇記録した緯度経度情報（プローブデータ）をデジタル道路地図（DRM）における区間ABの起終点ノードA、ノードBとマッチングさせる。

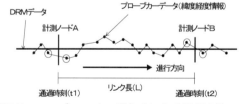

図3.7　マップマッチング方式による解析方法

◇マッチングしたA、Bの2地点間の通過時刻から旅行時間を算出する。

◇算出した旅行時間とリンク長から旅行速度を算出する。

なお、プローブカーの計測ポイントの通過判定においては、緯度経度の計測誤差と計測時間間隔を考慮し、同一地点と判定するための許容される最大距離差を設定する必要がある。このため、マップマッチング技術を用いている。

マップマッチングとは、地図記憶媒体に記憶された道路地図データとセンサーによる軌跡を照合して、道路地図データのもつ道路上に位置を修正することで、センサーによる位置検出誤差を防ぐことができる。図3.7に示すように、プローブカーデータの緯度・

3.2.2 集計・解析方法

経度情報がデジタル道路地図の道路上にプロットされない場合にマップマッチングにより道路上に位置を修正するものである。

3.2.2 集計・解析方法
（1）旅行速度調査表・時間距離線図

区間速度調査による得られたデータは集計用紙（表3.5）に整理する。調査目的、天候、ルート、距離、総旅行時間、停止時間、停止回数の各項目を含め、必要な情報を記載できるようにする。

また、集計用紙の整理結果をもとに、時間距離線図（図3.8）を作成し、時間帯別の交通状況を視覚的にとらえることが可能となり、区間速度の変化や停止時間の長い地点からボトルネック位置の特定や交通状況の把握ができる。

表3.5　旅行速度調査表

調査日：	平成　年　月　日（　）										
調査時間：	6:00～21:00										
天　候：	晴れ										
調査区間：	(主)船橋我孫子線上り　我孫子IC分合流→初富交差点　13.28km										

調査時間：　6:00

No	区　　間	区間距離(km)	旅行時間(分'秒'')	停止理由(1-10)	回数(回)	時間(分'秒'')	停止理由(1-10)	回数(回)	時間(分'秒'')	旅行速度(km/h)	走行速度(km/h)
1	1我孫子IC分合流　～　2	0.87	00'57''							54.9	54.9
2	2　　～　3我孫子西消防署	0.48	00'33''							52.4	52.4
3	3我孫子西消防署　～　4市役所	0.43	00'42''							36.9	36.9
4	4市役所　～　5我孫子高校前	0.10	00'08''							45.0	45.0
5	5我孫子高校前　～　6道の駅沼南	0.88	01'00''							52.8	52.8
6	6道の駅沼南　～　7	0.37	00'30''							44.4	44.4
7	7　　～　8	1.66	02'50''	2	1	00'27''				35.2	41.8
8	8　　～　9	0.38	00'30''							45.6	45.6
9	9　　～　10大島田	0.28	02'00''	2	1	01'29''				8.4	32.5
10	10大島田　～　11	0.19	00'26''							26.3	26.3
11	11　　～　12	0.42	00'48''							31.5	31.5
12	12　　～　13	0.17	00'19''							32.2	32.2
13	13　　～　14	0.45	00'37''							43.8	43.8
14	14　　～　15	0.38	01'03''	2	1	00'22''				21.7	33.4
15	15　　～　16	0.81	00'57''							51.2	51.2
16	16　　～　17	0.26	00'38''	2	1	00'07''				24.6	30.2

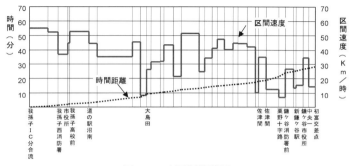

図3.8　時間距離線図

（2）統計処理

本項は「交通調査マニュアル」を参考、引用して記述している。

1）平均値・平均旅行時間・平均区間速度

何回かの試験車走行による旅行時間値の代表値は平均旅行時間であり、これから平均区間速度を求める場合は、以下のようになる。

$$\overline{T} = \frac{\sum t_i}{n}$$

$$\overline{V} = \frac{0.06S}{\overline{T}}$$

$\overline{T}$ ： 平均旅行時間（分）
$\overline{V}$ ： 平均区間速度（km/h）
S ： 区間長（m）
t_i ： 旅行時間（分）
n ： 合計走行回数（回）

ここで、この速度の平均値は空間平均速度の形をとっていることに注意しなければならない。通常、旅行時間調査の場合、このように平均区間速度を空間平均速度で示すが、データ数の多い車両照合法による場合、時間平均速度として次のように求めることもある。つまり、区間長を λ とすると、

$$\overline{V} = \frac{\sum \lambda t_i}{n}$$

となる。

なお、停止時間を除いた平均走行時間、平均走行速度も、平均旅行時間、平均区間速度と同様な方法で求められる。

2）標準偏差・範囲・旅行時間のバラツキ

平均値のまわりにデータがどのように散らばっているか、つまり旅行時間のバラツキ具合を見たのが標準偏差である。また、同様な意味で旅行時間のバラツキを最大値と最小値との差としてみたのが、範囲（レンジ）である。これらは、次式で示される。

$$\sigma = \sqrt{\frac{1}{n-1}\left[\sum t_i^2 - \frac{1}{n}\left(\sum t_i\right)^2\right]}$$

$$R = t_{\max} - t_{\min}$$

σ : 標準偏差

R : 範囲

t_i : 旅行時間

n : 合計走行回数

$t_{\max}$: 最大旅行時間

$t_{\min}$: 最小旅行時間

第3章

　これらの尺度は、例えばバス利用者の減少原因として、平均区間速度（平均旅行時間）の低下以外に、旅行時間の定時性（時間信頼性）の低下も考えられるかなどの分析に利用できる。

3）遅れ

　遅れとは、起終点間の旅行において、ドライバー自身が制御できない理由で、通行が妨げられる損失時間を総称していう。通常、このための尺度としては、「停止時間遅れ」である。停止した時間や、総旅行時間に対する停止時間の比率で表現している。

　また、ある起終点間の混雑理由とその停止時間長を知る目的で、上記の停止遅れの内容を、信号停止、右左折車、歩行者、駐車、人の乗降、荷物の積み下ろし、自然渋滞などの理由に分け、その発生頻度と、発生1回当たりの停止時間もしくは総停止時間に対する比率で表現することも多い。試験車走行法による走行1回当たりの平均停止時間遅れは次式で示される。

$$\overline{T}_{sd} = \frac{\sum t_{sd}}{n}$$

$\overline{T}_{sd}$: 平均停止時間遅れ

t_{sd} : 停止時間

n : 合計走行回数

表3.6　旅行時間調査結果の一覧

調査路線	方向	時間帯	走行番号	旅行時間	走行時間	停止時間
桜田通り	赤坂見附↓元千代田	15:00〜16:00	4-1	11’07”	7’01”	4’06”
			4-2	11’20”	6’29”	4’51”
			4-3	9’31”	6’21”	3’10”
			4-4	8’27”	6’57”	1’30”
			4-5	8’02”	6’31”	1’31”
			4-6	8’11”	6’36”	1’35”

4）統計値の地図上への表現

　広い地域の道路網や道路の多区間でこれまでの統計値を求めた場合、これを地図上で視覚的に示すことができる。例えば、「等旅行時間線図」では、地域内の1点を起点として、その地点から10分程度の時間間隔で等高線状に所要時間を示すものである。旅行時間調査のデータが捉えられている際に利用できる。

第4章　渋滞状況調査

渋滞とは、交通需要が交通容量を上回り、徐行あるいは停止・発進を繰り返す長い車列が続いている状態をいう。本章では、一般道路において車線減少、合流、交差点、踏切等により特に交通渋滞の著しい箇所で、誰もが交通渋滞ポイントであるとの認識を持っているような箇所における調査を対象としている。渋滞調査については、「交通渋滞実態調査マニュアル、平成２年２月、建設省土木研究所」に述べられている方法が一般に用いられている。本章においても、このマニュアルを参考、引用している。

第4章

4.1　計画と準備

4.1.1　計画

（1）調査項目

渋滞長が最大となる時刻を含む調査時間内に以下の調査を行う。調査地点や区間の状況（道路構造、沿道施設など）も同時に調査する。

・交通量

・渋滞長

・渋滞区間通過時間

・信号現示（オフセット）

・渋滞原因

調査結果は、渋滞箇所の実態把握や渋滞原因の分析を効率的に実施できるように調査計画段階から調査結果の電子データ化を念頭に置いて計画準備を行う。これにより対象地点の一般的渋滞特性の分析や、複数地点の統計的分析が容易になる。

（2）調査日時

平日・休日ともに渋滞が発生する場合は、交通特性が異なっている場合が多いため、平日・休日の両日で調査を実施すべきである。また、朝夕など時間帯により異なる流入方向で渋滞が発生する場合には朝夕双方の時間帯を調査対象とする。

調査日は、特定の目的がない限り、平均的な交通渋滞が発生している日を選定する。路上工事等の交通規制の有無を道路管理者に確認したり、周辺地域や学校等の沿道施設でのイベント開催の有無を地域情報等より確認することで、交通需要が異常に多い（少ない）ことが予想される日を調査日に選定しないよう注意する。

調査時間帯は、調査日において渋滞長が最大となる時刻を含む３時間程度とし、最大渋滞長の発生時刻が調査時間のほぼ中央に位置するように調査時間帯を設定する。

同程度の渋滞長が複数時間帯で生じる場合は渋滞継続時間が最も長い時間帯あるいは交通量がピークとなる時間帯を調査時間帯の中心とする。渋滞長のピーク時刻が不明の場合は、道路交通センサスなどの既存資料などにより、交通量のピーク時間帯を調査し、前後１時間を付加した３時間を調査時間帯とすればよい。

4.1.2 準備

調査の実施に先立ち、調査地点見取図、調査票（原票）を準備（章末の表4.1～4.3）する。このため、既存資料収集、現地踏査を実施し、以下の情報を整理する。

- ・地点名、地点形状および人口集中地区・調査地点の名称
- ・路線名および道路種別
- ・車線数
- ・流入部の直近交差点までの距離
- ・右左折専用レーン長
- ・駐車車両、バス停の有無
- ・流入部別の直近交差点との信号現示の関係

（1）情報整理

1）地点名、地点種別および人口集中地区

地点名は、一般的に呼ばれている名称を優先する。既存調査がある場合は、同一地点の名称を統一するよう留意する。

地点種別は、交差点、踏切、橋梁、単路の４区分から選択する。当該箇所が人口集中地区内にあるか否かを国勢調査資料等から確認し、整理する。

2）調査路線名および道路種別

調査路線名は、道路台帳に記載されている名称を用いる。

道路種別は、以下の区分より該当するものを選択する。なお、交差点の場合は、主道路および従道路の双方を調査する。

- ・自動車専用道路
- ・一般国道（直轄・その他）
- ・主要地方道
- ・一般地方道
- ・その他の道路（鉄道を含む）

3）車線数

交差点の流出、流入部ごとに、路面表示をもとに、進行方向別の車線数を調査する。付加車線のある交差点の流入部側の車線数は、流入部直前（上流側）の単路区間の車線数も調査する。

路面に表示されている方向別車線数と現実に流入する車列数が異なることがないかを確認し、異なる事象がある場合は、備考として記録する。

4）流入部の直近交差点までの距離

流入方向別に、流入部から最も近い上流側の信号交差点までの距離を路線図等より、10m単位で計測し、地点図等にマーキングする。

5）専用レーン長

右左折専用レーンがある場合、流入部より本線シフト区間にかかるまでの長さを調査する。

専用レーンが付加車線となっていない場合は、専用車線表示をしている最も上流側の

表示位置までの距離を調査する。

6）直近交差点との信号現示の関係

各流入部別に直近の信号交差点の信号現示と当該調査地点の信号現示の連携が適切でない可能性の有無を確認する。

7）バス停の有無、駐車車両

バス停（有無とその形態）、駐車車両、沿道からの車両出入り口など、渋滞に影響を与える恐れがある事象を確認する。

（2）調査地点見取図の作成

地点の形状、車線区分、流入部呼称（A、B、…）が分かる略図を作成する。駐車車両、バス停、その他調査時において留意すべき事項も記載する。

流入部の呼称（A、B、…）は、以下の方法により付ける。この呼称に従ってデータの収集・整理・分析を行うことになるため、その付け方には十分注意する。

◇単路部では、AおよびBを用いる。当該路線の起点側をA方向とし、終点側をB方向とする。

◇交差点では、交差道路のなかで最上位（主道路）の道路の起点側をA方向とし、A方向から直進で流出できる方向をB方向とする。A方向から時計回りにC方向を定め、C方向から直進で流出できる方向をD方向とする。さらにC方向から時計回りにE方向を定め、E方向から直進で流出できる方向をF方向とする（図4.1）。

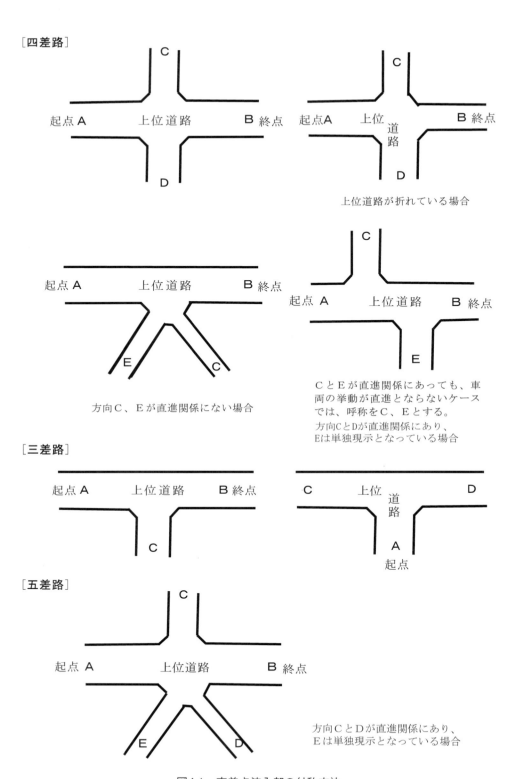

図4.1 交差点流入部の付称方法

4.2　調査の実施

　以下の記述は、渋滞の先頭部が交差点の場合を想定している。車線減少部、踏切、橋梁、道路線形急変部などの単路部を先頭部とする渋滞の場合も、起点を交差点流入部とみなして、これに準じた調査を実施する。

4.2.1　交通量調査

　「第2章　交通量調査」と重複する部分が多いが、以下に渋滞調査の場合に特に留意しておくべき点を示す。

　◇計測は、10分単位で行う。

　◇流入部別に流出方向（直進・右折・左折）ごとに計測する。

　◇車種区分は、交通渋滞実態調査マニュアルでは、動力付き二輪車、小型自動車、大型自動車の3区分となっている。ただし、例えば、バスルートの変更が調査の目的となっている場合はバス交通量を細分化して計測するなど、活用目的によって調査対象車種の細分化を検討すべきである。

　◇動力付き二輪車など、右折時に直進・停止・再直進と行動した場合（二段階右折）は、それぞれの方向の直進としてカウントする。

　◇交差点部の歩行者・自転車通行量は、各流入部の左折交通を横断する量を各流入部の計測値とする。

4.2.2　渋滞長調査

（1）調査方法

　渋滞長は、渋滞先頭部から渋滞末尾までの距離（車列長）を10分ごとに10m単位で計測する。なお、複数車線の道路の場合は、車線別に渋滞長を計測する。

　渋滞の末尾については、「自由走行ができずに徒歩速度（4km/h程度）以下になっている車両」の最後尾とする。

（2）信号交差点における渋滞長の計測方法

　信号交差点では、1回の信号待ちで通過できずに残っている車列の長さを渋滞長とする。すなわち、赤信号で停止しても次の青信号で当該交差点を通過できる車両長は渋滞長の計測には含めない。具体的には、赤信号から青信号に変わった時の車列末尾の車両を追跡し、次の赤信号による停止位置を渋滞の末尾とする方法がある。なお、末尾車両は交差点流入までに車線変更する恐れがあるため、複数車両を確認・追跡する必要がある。

　渋滞長が長い場合などは、信号現示に関係なく車列の末尾までの車列長（滞留長）を計測しておき、1回の青現示で通過した車線当たり交通量より推定される長さを減じて渋滞長を推定する方法もある。

　信号交差点が連続している場合、調査地点より上流側交差点の交通容量が調査地点の交通容量より小さい場合には、別途調査対象箇所として選定しておくべきであり、たと

え車列が連続していても渋滞区間とは考えず、この場合の渋滞の末尾は、上流側交差点までとする。

4.2.3　渋滞区間通過時間調査

交通量調査単位時間（10分間）のうちに渋滞の末尾に到着した車両が渋滞を抜け出すまでの時間を計測する。

「第3章　速度調査」に述べた区間速度調査と同様、「試験車走行法」、「車両番号照合による方法」「ビデオカメラによる方法」「AVIシステムによる方法」「プローブカーによる方法」などの方法で行うことができる。

車両番号照合による方法では、渋滞末尾の任意の数台の車両をプレートナンバーにて追跡し、到着した時刻と渋滞を抜け出した時刻を計測し、複数車両の平均値を分単位で四捨五入したものを渋滞区間通過時間とする。渋滞長が長い場合は、調査員を増員するなどで渋滞末尾車両のプレートナンバーを計測し、トランシーバー等を用いて渋滞先頭部の調査員に伝達するなどの工夫が必要な場合がある。

交通渋滞実態調査マニュアルでは、交差点部の渋滞の場合は、最も渋滞が激しいと思われる1流入部を対象に計測することとなっている。ただし、他の流入部の通過時間の最大値の方が大きくなる恐れがある場合は2流入部以上を調査してもよいとされている。

調査対象道路が多車線道路の場合は、渋滞長が最も長い車線に到着した車両を対象とする。なお、当該車両が渋滞区間を走行する中で車線変更する可能性があるため、渋滞を抜け出した時刻の計測時にはすべての車線に注意が必要である。

4.2.4　信号現示調査
（1）信号現示・サイクル調査

渋滞箇所の信号現示（サイクル長、スプリット）は流入部別に計測を行う。対向流入部が同一現示となっている場合は、どちらかの流入部での計測でよい。

定周期制御の信号では、あらかじめ交通需要の変動パターンに対応して、1日をいくつかの時間帯に分け、それぞれに異なるサイクル長、スプリットの制御パラメーターを設定しているため、渋滞調査時間帯内での信号現示の変化に留意して計測する必要がある。

また、感応式信号制御がなされている場合は、最大渋滞長が生じる時間帯付近の平均的な信号現示を計測する。

1）人手による方法

対象交差点付近の信号灯器が確認できる場所に計測者が立ち、ストップウォッチを用いて各流入部の青時間、黄色時間、赤時間等を計測する。以下に留意点を示す。

　◇計測員は、2人1組を基本とする。1箇所から全ての現示を確認することができる場合は1人でも可能であるが、信号の変化と同時にストップウォッチの秒数を確認し、調査票への記録を行うことは、1人では困難なため、メモリ機能付きのストッ

4.2.4 信号現示調査

プウォッチを用いる。
◇時差式信号の場合は、必ず2人の計測員が必要である。2人の計測者が分かれ、携帯電話またはトランシーバーなどで連絡をとりあって信号灯器の変化を記録する。
◇渋滞調査時間帯の前に、現示数、各現示における階梯（各流入部の信号灯器の表示内容）の構成を確認し、調査用帳票を作成しておく（図4.2）。
◇ある現示の開始（青になった時）から次に青が開始するまで（サイクル）の信号灯器の変化を記録する。人手による計測は、計測誤差が生じやすいので、調査時間帯ごと（1回の計測あたり）に、最低2～3サイクル分の計測を行うことが望ましい（図4.3）。
◇計測した結果から平均値を算出するなどにより、階梯ごとの秒数を算出し、調査結果として整理する（図4.4）。
◇信号現示は、調査時間帯内において1時間に1回計測することが望ましいが、最低でも交通状況が変化する朝・昼・夕の各時間帯での計測を行う。

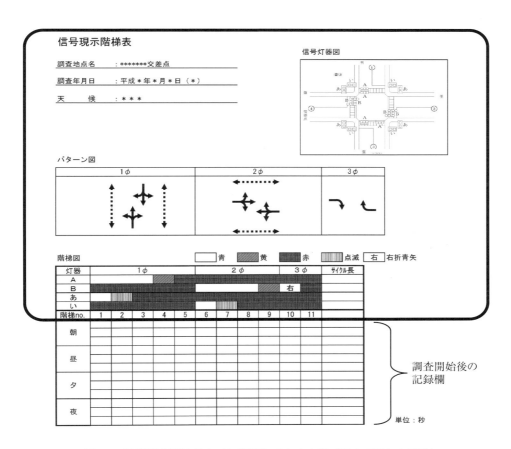

図4.2　渋滞調査開始前までに整理しておく内容（枠内で示した部分）

階梯図　　青　黄　赤　点滅　右 右折青矢

灯器	1φ					2φ				3φ		サイクル長
A												
B										右		
あ												
い												
階梯no.	1	2	3	4	5	6	7	8	9	10	11	
朝	35	5	5	3	3	50	5	5	3	13	3	130
	37	4	4	3	3	52	4	6	3	10	3	129
	34	5	5	3	4	51	6	4	3	12	3	130
昼	35	5	5	3	3	50	5	5	3	13	3	130
	34	5	5	4	3	49	5	5	3	13	3	129
	34	5	5	3	3	50	5	5	3	15	3	131
夕	35	5	5	3	3	50	5	5	3	13	3	130
	36	5	5	4	3	49	5	5	3	13	3	131
	34	5	5	3	3	50	5	5	3	15	3	131
夜	30	5	5	3	3	45	5	5	3	13	3	120
	30	5	5	3	3	45	5	5	3	13	3	120
	30	5	5	3	3	46	5	5	3	13	3	121

単位：秒

図4.3　信号現示記録（朝・昼・夕・夜に計測した例）

階梯図　　青　黄　赤　点滅　右 右折青矢

灯器	1φ					2φ				3φ		サイクル長
A												
B										右		
あ												
い												
階梯no.	1	2	3	4	5	6	7	8	9	10	11	
朝	35	5	5	3	3	51	5	5	3	12	3	130
昼	34	5	5	3	3	50	5	5	3	14	3	130
夕	35	5	5	3	3	50	5	5	3	14	3	131
夜	30	5	5	3	3	45	5	5	3	13	3	120

単位：秒

図4.4　計測結果整理（計測結果の平均値を算出し、各時間帯の現示（階梯）の時間を整理した例）

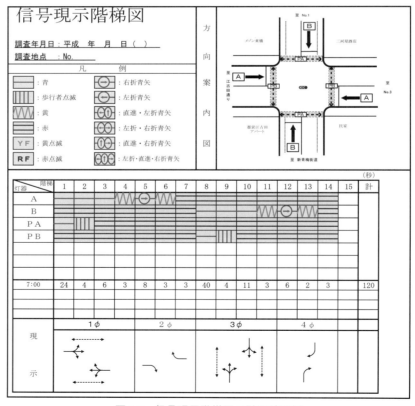

図4.5　信号現示階梯図の計測結果例

4.2.4 信号現示調査

2）管理者から収集する方法

交通管理者に、収集する箇所、日時、収集周期、収集媒体等を指定して依頼する方法もある。通常、過去の保存されているデータを依頼するが、データを保存していないこともあり、収集日の事前に依頼しておくことが望ましい。収集できるデータを図4.6に例示する。

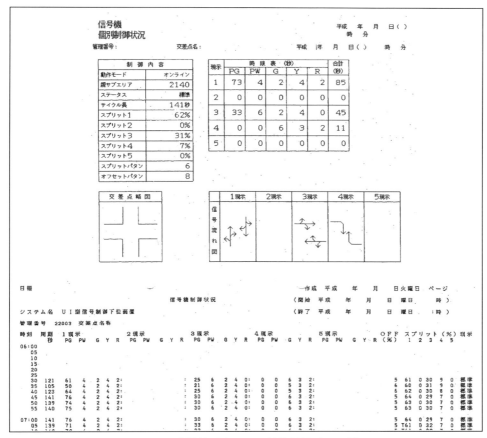

図4.6 交通管理者からの信号現示データ例

（2）オフセット調査

オフセットには、同一のサイクルで運用されている信号機群について各信号機の信号表示のある時点（共通な基準時点）からのずれのことをいう絶対オフセットと、隣接交差点間の同一表示開始時点ずれをいう相対オフセットがある。

1）人手によりオフセットを収集する方法

サイクル長が同一であることを確認の上、基準とする信号機（親信号機）の毎正時直後の第1現示青時間の開始時刻を記録する。その他の信号機が第1現示青時間となった時刻を記録し、時間（秒）または周期に対する百分率で表す。

なお、信号機群の「絶対オフセット」を計測する場合には、NTTの177時報サービス等でストップウォッチの時刻を日本標準時に合わせておく。具体的な計測方法は、

「（1）信号現示・サイクル調査」と同様である。

２）交通管理者から収集する方法

「（1）信号現示・サイクル調査」と同様に収集データより読み取り調査する。

4.2.5　渋滞原因の調査

（1）渋滞原因の想定

渋滞原因と考えられるものを事前に想定し、現場での知見も加え、渋滞原因項目（15項目）より選択する。選択する項目は複数であってもよい。ただし、道路網構成に起因するような面的な渋滞原因については対象としていない。

以下に渋滞原因項目を示す。渋滞原因項目の選択時の視点は「4.3.2　渋滞原因」において詳述する。

- ・車線減少
- ・信号表示不適（信号現示、系統不適）
- ・踏切
- ・橋梁
- ・右折車または対向直進車
- ・左折車
- ・大型車
- ・二輪車
- ・歩行者
- ・駐車車両
- ・バス停、バスレーン
- ・工事、事故
- ・沿道出入り車両
- ・道路線形
- ・交差点形状
- ・先詰まり
- ・その他

（2）渋滞原因の把握時の留意点

原因が明らかな場合は、調査票のコメント欄に記入する。

「需要交通量が多い」、「信号交差点である」あるいは「容量不足」ということにとどまらず、より具体的な原因を把握する。ただし、原因が明確でないことも多いので、渋滞を引き起こしたと考えられる現象については、いくつか記録しておくことが望ましい。

4.3　データ整理と解析

4.3.1　データ整理

　調査結果を整理する表として章末に地点情報調査票（表4.1）、交通量調査票（表4.2）、渋滞長調査票（表4.3）を例示する。これらを参考に必要部分を利用するとよい。また、調査箇所の代表写真等を貼り付けるなどの工夫をしておくと便利である。これらの調査票を用いて調査する場合は、以下の要領で記入する。

（1）地点情報調査票（表4.1）

1）地点名

　地点名を記入する。地点名は、一般的に呼ばれている名称を優先する。既存調査がある場合は、同一地点の名称を統一するよう留意する。

2）調査日時および平日休日の別

　調査日を年月日で記入し、平日、休日の別を示す。調査開始時刻は24時間表記で記入する。

3）地点種別および人口集中地区

　地点種別は該当するものに○をする。但し、該当するものがない場合はその他に○をし、（　）の中に具体的に記入する。また、当該調査地点が存する地域が人口集中地区である場合は「1」に、そうでない場合は「0」に○をする。

4）調査路線名および調査道路種別

　欄内に調査路線（主道路）の名称を、また【　】の中に路線番号を記入する。また、その道路の種別が該当するものに○をする。

5）交差道路名および交差道路種別

　調査地点が交差点の場合、主道路に交差する従道路の名称、また路線番号を（【　】の中に）記入する。また、その道路の種別が該当するものに○をする。交差道路が複数ある場合は、規格の高い従道路から2つ選んで記入する。

6）車線数、専用レーン長および単路部車線数

　流入部ごとに、車線構成別の車線数を記入する。なお、その車線が専用レーンの場合、専用レーン長（m単位）を数字で記入する。また、流出部の単路部の車線数も同様に車線構成別に記入する。

7）直近交差点までの距離

　流入部ごとに、調査地点に最も近い上流側の信号交差点までの距離を10m単位で記入する。

8）信号の連動（直近交差点との信号現示の関係）

　流入部ごとに直近の信号交差点の信号現示と当該交差点の信号現示の関係（適切か否か）について該当するものに○をする。

　但し、適切に連動していないと思われる場合は、信号現示が渋滞の一つの原因だと考えられるので、その内容を調査地点見取図内に記入するか、渋滞長調査票（表4.3）の渋滞原因欄にコメントする。

９）バス停の有無

　渋滞区間の中にあるバス停について、該当するものに○をする。バスベイがある場合は掘り込み型、張り出し型などの計上を見取図内に記録しておくとよい。

10）駐車車両の影響

　渋滞区間の中で駐車車両が走行車両に与える調査時間内の平均的な影響について、該当するものに○をする。それぞれの内容は次のとおりである。

- ・「車線減少」とは、駐車車両によって車線減少が生じており、走行中の車両が駐車車両の手前で一時停止をし、車線変更を行った後に走行を続ける状態をさす。
- ・「速度減少」とは、車線減少は起こさないが走行車両が駐車車両の側方通過時に減速をして通過せざるを得ない状態をさす。

11）調査地点の見取図

　調査地点の見取図は下記の事項がわかるように作成し、調査票内に添付する。

- ・方位マーク
- ・調査地点の形状（交差点、単路部、橋梁等）
- ・調査道路名、交差道路の路線名と方向（例えば至る○○等）
- ・流入部呼称（A、B・・・）
- ・車線数、車線区分
- ・最大渋滞長および渋滞区間通過時間最大値

12）信号現示

　調査地点が信号交差点の場合は信号現示を現示ごとに自動車類、歩行者類ともに方向別に表示する。信号現示の表示は自動車類が実線、歩行者類は破線で表示し、各現示の現示時間および、信号サイクル長を記入する。

（2）交通量調査票（表4.2）

１）地点名および地点コード

　「地点情報調査票（表4.1）」と同内容を記入する。

２）調査日時、平日休日の別、天候

　調査日を年月日で、また調査開始時刻および終了時刻を24時間表記で記入する。平日、休日の別は当該日が該当するものに○をし、調査当日の天候を記入する。

３）観測時間（自動車交通量）

　各観測時間（10分）の開始時刻と終了時刻を24時間表記で記入する。

４）車種別進行方向別交通量

　流入部ごとに、各観測時間（10分）ごとの交通量を車種別進行方向別に記入する。また、各１時間の合計値を算定し記入する。

５）観測時間（歩行者・自転車横断交通量）

　各観測時間の終了時刻を24時間表記で記入する。

６）歩行者・自転車横断交通量

　流入部ごとに、観測時間ごとの左折車両に対する歩行者および自転車通行量の合計を記入する。また、各１時間の合計値を算定し記入する。

（3）渋滞長調査票（表4.3）

1）地点名

「地点情報調査票（表4.1）」と同内容を記入する。

2）調査日時および平日休日の別

「交通量調査票（表4.2）」と同内容を記入する。

3）渋滞長

流入部ごとに、渋滞長が最も長い車線について、10分ごとに計測した車列長を10m単位で記入する。

4）通過時間

渋滞長が最大となる流入部について10分ごとに計測した渋滞区間の通過時間を分単位で記入する。

5）渋滞車線

渋滞している車線について、該当するものに○をする。2車線以上の車線が同様に渋滞している場合は、全車線に○をする。専用レーンのみが顕著に渋滞している場合は、左折、直進、右折のいずれかに○をする。なお、流入部が1車線の場合にも、必ずいずれかに○をする。

6）その他の車線の状況

ある車線のみ渋滞しており他の車線は渋滞していない、あるいはその程度が低い場合は渋滞していない車線の状況を渋滞している車線と比較して、該当するものに○をする。

7）渋滞原因

流入部ごとに、渋滞原因について該当するものに○をする。（複数可）

8）渋滞原因についての具体的な記述

当該調査地点における渋滞について、具体的な状況およびその原因について略図を用いて説明を記入する。

渋滞原因を説明するのに、具体的な地名、固有名詞を用いる場合は、必ず略図の中にその位置を明記するなど、理解しやすいように留意する。

4.3.2　渋滞原因

渋滞原因を選択する際の視点を以下に示す。

1）車線減少

3車線から2車線のように物理的形状から判断できる場合が多い。しかし、中には車線幅員は同一であっても、路肩幅員の減少、歩道の有無やガードレール等の有無によって、車両の速度が低下し、渋滞原因となっていることがある。

2）信号現示不適切

ある流入方向のみ渋滞が発生していて他の流入方向では渋滞しておらず、渋滞の発生が方向によって極端に差があるものを指している。全方向に渋滞が発生している場合は信号現示不適という原因ではない。

３）踏切

地点の形状として明らかに分かるものである。

４）橋梁

接続する土工部と異なる横断面構成を持つ橋梁があるため渋滞が発生しているもので、車線減少と同様の現象が観察できる。橋梁部に交通が集中することによる渋滞もあるが、この現象も含めて橋梁が原因となる渋滞とする。

橋梁の端部にある信号交差点による渋滞も多く、どちらが真の原因か注意して観察する。

５）右折車または対向直進車

右側車線のみ渋滞が激しい時は、右折車かあるいは対向直進交通量が原因となっているかを調べる。右折後の下流側（右折車の流出先）が渋滞していて流出できない場合は、流出先における渋滞原因を調べる必要がある。

右折による渋滞原因は、交差点において右折専用車線が無い、あるいは、専用車線長が不足している場合を指す。

対向直進による渋滞原因は、右折車交通量がさほど多くなくとも、対向流入部の直進車が多いため、右折車が専用現示となるか、信号の変わり目にのみ進行が可能になり、右折車が滞留する場合を指す。

交通現象としては、右折車両が右折専用車線をはみだして右側に車列を形成しており、直進車は左側によけるか右折車が進行してから直進している状況が観察される。

６）左折車

左折車が渋滞の原因となっている場合は、横断歩行者等が多く、左折待ちとなっていることが多い。左折車の後ろに直進車がついているか観測し、左折車のために直進できずに停止しているようならば渋滞原因として左折車を考える。

７）大型車、バス

大型車は、小型車に比べ発進・停止を含めた走行挙動が緩やかであるため、車群としての速度が低下し、渋滞が発生することがある。大型車が渋滞原因となるのは、大型車混入率が高い（約20％以上）場合や、路肩を含めた車道幅員が狭い場合に多くみられる。

８）二輪車

速度の遅い二輪車が自動車と混在する場合、全体的に走行速度の低下が起こり渋滞になる。

自動車が二輪車を避けて走行するため、二輪車１台が乗用車１台以上の空間を必要としていることも多く、実質的な交通容量減少につながる。

通勤・通学時の自転車、オートバイの混入とその影響を観察することによって、渋滞原因となっているかどうかを判断する。

９）歩行者

左折車の進行を妨害する場合のほか、歩道が狭い、あるいは、無いために車道にはみだし、車両の速度低下に影響を与えている場合などがある。

4.3.2 渋滞原因

10）駐車車両

駐車による車線占有による車線減少や駐車車両によって速度低下が生じる場合に渋滞が発生する。

交差点付近の駐車については、渋滞の原因が駐車車両なのか交差点なのかを的確に判断する必要がある。駐車車両を他の車両が進路変更してよけて走行している場合は駐車車両が渋滞の原因となっていると考えてよい。

駐車車両が常時存在しているか否かを調査し、記録しておく。

11）バス停

駐車車両および大型車の両者の渋滞原因の特性を合わせたような交通現象となる。交差点付近のバスベイのないバス停では、バスの運行頻度によっては渋滞の原因となる。

12）工事、事故

長期にわたる工事が原因の一つとなって渋滞がより激しくなっていると思われる場合には、これを選択する。

13）沿道からの出入り

沿道建物、ガソリンスタンド、商店などへ出入りする車両が多く、走行速度の低下や左側車線の利用率の低下を引き起こし、渋滞につながっている場合である。この原因の中には、細街路への出入りも含まれる。

14）道路線形

平面線形で急カーブとなっている部分や縦断線形が急変する坂道の頂上付近など道路線形が原因となって車両の速度低下が生じる。

15）交差点形状

交差点の形状がはっきりしていない変形交差点、5差路以上の交差点、あるいはこれらの形状のために信号現示が複雑になっている交差点など、交差点の形状が悪いために、交通動線が錯綜し、走行速度が低下したり、各流入部の青時間比が上げられず容量低下を招いたりしている場合がある。

交差点の規模が大きい場合は、交差点の通過に要する時間が長くなるため、信号現示との関係で渋滞の原因となることがある。

16）先詰まり

本来、先詰まりが原因の地点は渋滞地点として選定すべきではない。一時的な右左折車の先詰まりや近接交差点との信号現示の連動不良等が渋滞の原因となる場合がある。

表4.1 地点情報調査票

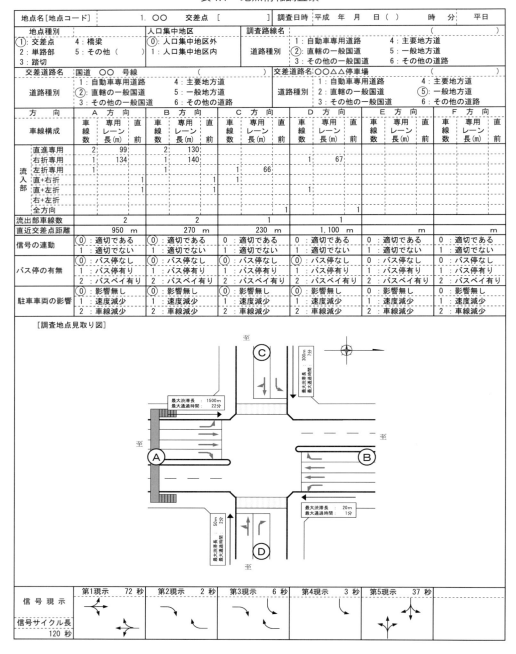

4.3.2　渋滞原因

表4.2　交通量調査票

地点名　[地点コード]	No.1　〇〇交差点		調査日時		平成　年　月　日(　)　　時　分～　時　分			天候 晴れ	平日

方　向		A　方　向			B　方　向			C　方　向			D　方　向			合計
		自動車交通量			自動車交通量			自動車交通量			自動車交通量			
観測時間	車種	左折	直進	右折	左折	直進	右折	左折	直進	右折	左折	直進	右折	
7時00分～7時10分	二輪	0	0	0	0	1	0	0	1	0	0	0	0	2
	小型	4	263	5	0	258	11	32	13	1	3	2	6	598
	大型	0	56	0	0	52	2	0	0	0	0	0	0	110
	合計	4	319	5	0	311	13	32	14	1	3	2	6	710
7時10分～7時20分	二輪	0	3	0	0	4	0	0	0	0	0	0	0	7
	小型	0	248	3	1	243	10	37	23	4	2	11	7	589
	大型	0	25	1	0	31	0	2	3	2	0	0	2	66
	合計	0	276	4	1	278	10	39	26	6	2	11	9	662
7時20分～7時30分	二輪	0	2	0	0	1	0	0	0	0	0	0	0	3
	小型	1	285	0	2	330	21	61	15	1	3	22	19	760
	大型	0	22	0	0	27	1	1	0	0	2	4	1	58
	合計	1	309	0	2	358	22	62	15	1	5	26	20	821
7時30分～7時40分	二輪	0	5	0	0	2	0	0	0	0	0	0	0	7
	小型	1	212	2	2	320	24	58	18	3	0	29	9	678
	大型	1	11	0	0	30	1	0	2	0	1	1	2	49
	合計	2	228	2	2	352	25	58	20	3	1	30	11	734
7時40分～7時50分	二輪	0	3	0	0	2	0	0	1	0	0	0	0	6
	小型	1	172	2	4	298	39	56	11	2	3	36	26	650
	大型	1	13	0	0	18	2	0	1	0	0	1	1	37
	合計	2	188	2	4	318	41	56	13	2	3	37	27	693
7時50分～8時00分	二輪	0	8	0	0	2	1	0	0	0	0	2	0	13
	小型	4	151	1	3	247	41	60	13	0	0	39	39	598
	大型	2	17	0	0	12	2	1	0	0	0	0	1	35
	合計	6	176	1	3	261	44	61	13	0	0	41	40	646
1時間計	二輪	0	21	0	0	12	1	0	2	0	0	2	0	38
	小型	11	1,331	13	12	1,696	146	304	93	11	11	139	106	3,873
	大型	4	144	1	0	170	8	4	6	2	3	6	7	355
	合計	15	1,496	14	12	1,878	155	308	101	13	14	147	113	4,266

観　測　時　間	歩行者・自転車横断	歩行者・自転車横断	歩行者・自転車横断	歩行者・自転車横断	
7時10分			0	3	3
7時20分			1	0	1
7時30分			4	4	8
7時40分			3	3	6
7時50分			8	10	18
8時00分			6	19	25
1時間合計			22	39	61

第4章

表4.3　渋滞長調査票

地点名【地点コード】	○○交差点							調査日時				年　月　日( )　時　分～　時　分				平日・休日
方向	A方向				B方向				C方向				D方向			
車線	左折		直進		左折		直進		左折		直進+右折		直進+左折		右折	
観測時間	渋滞長(m)	通過時間(分)	渋滞長(m)	通過時間(分)	渋滞長(m)	通過時間(分)	渋滞長(m)	通過時間(分)	渋滞長(m)	通過時間(分)	渋滞長(m)	通過時間(分)	渋滞長(m)	通過時間(分)	渋滞長(m)	通過時間(分)
7時00分	0	–			0	–			0	–			0	–		
7時10分	0	–			0	–			0	–			0	–		
7時20分			40	1	0	–			0	–			0	–		
7時30分			50	1	0	–			150	4			0	–		
7時40分			330	7	0	–			300	7			0	–		
7時50分			130	2	20	1			220	6			0	–		
8時00分			1,300	15	0	–			140	4					50	2
8時10分			1,380	22	0	–			130	4			0	–		
8時20分			1,500	11	0	–			10	2					50	2
8時30分			900	5	0	–			0	–			0	–		
8時40分			360	2	0	–			0	–			0	–		
8時50分	0	–			0	–			0	–			0	–		
9時00分	0	–			0	–			0	–			0	–		
9時10分	0	–			0	–			0	–			0	–		
9時20分	0	–			0	–			0	–			0	–		
9時30分	0	–			0	–			0	–			0	–		
9時40分	0	–			0	–			0	–			0	–		
9時50分	0	–			0	–			0	–			0	–		
10時00分	0	–			0	–			0	–			0	–		

渋滞車線

A方向	B方向	C方向	D方向
1.全車線 2.左折車線 ③直進車線 4.右折車線	1.全車線 ②左折車線 3.直進車線 4.右折車線	1.全車線 ②左折車線 3.直進車線 4.右折車線	1.全車線 2.左折車線 3.直進車線 ④右折車線

その他車線

A方向	B方向	C方向	D方向
①渋滞無し 2.半分程度 3.8割程度	①渋滞無し 2.半分程度 3.8割程度	①渋滞無し 2.半分程度 3.8割程度	①渋滞無し 2.半分程度 3.8割程度

渋滞原因

A方向	B方向	C方向	D方向
1.車線減少 2.信号表示不適 3.踏切 4.橋梁 ⑤右折または対向直進車 6.左折車 7.大型車 8.二輪車 9.歩行者 10.駐車車両 11.バス停，バスレーン 12.工事，事故 13.沿道出入車両 14.道路線形 15.交差点形状 ⑯先詰まり 17.その他	1.車線減少 ②信号表示不適 3.踏切 4.橋梁 5.右折または対向直進車 6.左折車 7.大型車 8.二輪車 9.歩行者 10.駐車車両 11.バス停，バスレーン 12.工事，事故 13.沿道出入車両 14.道路線形 15.交差点形状 16.先詰まり 17.その他	1.車線減少 ②信号表示不適 3.踏切 4.橋梁 5.右折または対向直進車 ⑥左折車 7.大型車 8.二輪車 9.歩行者 10.駐車車両 11.バス停，バスレーン 12.工事，事故 13.沿道出入車両 14.道路線形 15.交差点形状 ⑯先詰まり 17.その他	1.車線減少 ②信号表示不適 3.踏切 4.橋梁 ⑤右折または対向直進車 ⑥左折車 7.大型車 8.二輪車 9.歩行者 10.駐車車両 11.バス停，バスレーン 12.工事，事故 13.沿道出入車両 14.道路線形 15.交差点形状 16.先詰まり 17.その他

渋滞原因について具体的に記述

A：車両台数の増加と共に、○○方面△△交差点の先から連続渋滞が発生する。

B：□□方面×××入口交差点付近からの断続的な渋滞により捌け残りが発生したが、激しい渋滞はみられない。

C：A→B方向の渋滞のため左折が出来なくなること、および交通量に比して信号の青時間が短いことで渋滞が発生する。

D：右折車の進行がC方面からの直進車に妨げられること、及び交通量に比して信号の青時間が短いことにより渋滞が発生する。

【略図】

※本表のワークシートが交通工学研究会のホームページからダウンロードできます。詳しくは151ページを参照ください。

5.1.1 交通量

第5章　分合流部、織り込み区間の交通現象調査

　本章は、自動車の挙動として、分合流部および織り込み区間における交通現象を把握するための調査について「道路交通容量調査マニュアル検討資料Vol.3」を参考、引用してとりまとめたものである。

　計測方法の基本的な考え方は、単路部の「第2章　交通量調査」、「第3章　速度調査」等と類似点が多いが、分合流部、織り込み区間の交通現象は、交通進行方向に長い区間において生じる特徴がある。

　したがって、当該区間における計測は大規模になる場合が多く、計測にかかる時間や費用が大きくなる。計測の実施にあたっては、計測目的を明確にし、それに応じた適切な方法をとるように十分な計画をたてる必要がある。

第5章

5.1　計測項目に応じた計測方法

　対象区間の平面図（道路線形図や道路施設配置図）を準備して、計測現場の事前調査を実施することが重要である。事前調査時のチェック項目は、以下の事項である。

・計測場所の選定（調査員の配置、ビデオカメラの設置位置等）
・ビデオ撮影の場合の画角
・計測時間と交通状況の確認
・計測目的とした交通現象の発生状況の確認
・その他（工事予定等の障害事項等）

計測方法は、計測の目的とする項目に応じて適切に選定する必要がある（表5.1）。

表5.1　計測項目に応じた計測方法

	交通量	速度	車線変更位置	ギャップ、ラグ
計測員の目視	○	○	○	
ビデオ撮影	○	○	○	○
車両感知器	○	○		

5.1.1　交通量

（1）計測方法

　道路断面の通過交通を計測するだけが目的であれば、計測員の目視、ビデオ撮影、車両感知器のどれを選択してもよい。

　織り込み区間では、方向別交通量は断面通過交通量のデータだけでは推定することができない場合があるので注意する。

　現場目視では1断面につき計測員を1人割り当てる。ビデオ撮影を実施すれば、後日1人の計測員が複数回画像を計測することにより複数断面の計測に対応することができる。

織り込み区間の方向別交通量を計測するためには、車線変更する車両を区間全体で追跡する必要があり、さらに若干の人手を要する。

　　車種の分類は大型車／小型車の２分類を実施することが多いが、目的によっては３分類、４分類の分類とする。

　　車両感知器のデータが利用できる場合は、感知器の設置位置を平面図などで把握しておく。

（２）計測位置

　　目視やビデオ撮影の計測位置は高所からの俯瞰がよい。分合流織り込み区間では、車線別の交通量や車線変更挙動が特に重要であり、これらを確実に把握することは、路側からでは困難なためである。

　　具体的な位置としては、長い道路区間が眺められ車両位置や道路上の目標物を視認しやすい跨道橋やのり面、および建造物の安定した高所を選ぶことが望ましい。

5.1.2　速度
（１）計測方法

　　ある地点における速度を調査することが目的であれば、求められる精度により計測員の目視、ビデオ撮影、車両感知器を選択する。

　　しかし、目視では交通量が多い場合には全車両を計測するのは困難であり、サンプリングが必要となる。

　　全車の速度計測や偏りのないデータによる計測のためにはビデオ撮影が望ましい。

　　なお、この場合、

　　・１台の車両が２箇所の断面を通過するのに要する時間
　　・単位時間内に１台の車両が進行する距離

のいずれかを計測することになる。

（２）計測位置

　　目視やビデオ撮影の計測位置は、前記の交通量の計測の留意点に準ずる。

5.1.3　車線変更位置
（１）計測方法

　　ビデオ撮影による方法が一般的である。

（２）計測位置

　　分合流のために車線変更挙動が行われる車線全体とノーズやテーパ端の前後まで含めて計測対象区間であり、この区間が俯瞰できる計測位置を確保する。

　　ビデオ撮影を実施する場合は、計測対象区間の全体を撮影できるように計測位置と計測画面を決定する。

（３）計測位置選定の留意点

　　計測区間が長く１台のカメラには収まらないのが普通である。図5.1は、ジャンクションにおける織り込み区間について、ビデオ撮影により調査した際の画面のカバーエリ

アを例示したものである。

1台のビデオカメラで収録できる区間長は通常の状態では100m程度、条件が良くて200m程度が限界である。

したがって、分合流区間、織り込み区間のように計測区間が長い場合、通常は1台のビデオカメラのみでは計測は困難である。複数のビデオカメラを用意し、撮影区間を連続してカバーする方法をとる。

このとき、隣接区間を撮影するビデオカメラの画面を少なくとも20m以上オーバーラップさせる必要がある。

なお、高所から俯瞰撮影する場合、当然ながらビデオカメラに近い位置の方が精度の高い位置データを得ることができる。すなわち、ビデオカメラから遠くなるほど同じ長さを見込む角度が小さくなり、精度も手前側に比べると劣ることに留意すべきである。

車線変更の位置を把握するためには、道路の付属施設の位置を利用するとよい。

照明柱や標識柱、レーンマークやゼブラ標示などの路面標示、分合流部や織り込み部のノーズ端、テーパ端が利用できる。これらの設置位置が確実に収録できるように撮影画面を決定するとよい。

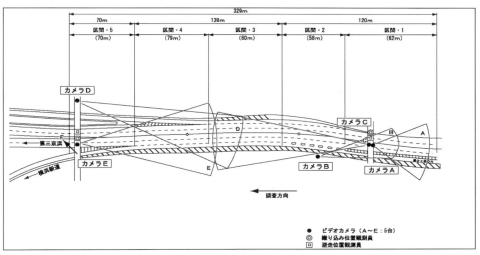

図5.1　織り込み区間におけるビデオ撮影調査時の画面の設定例

5.1.4　ギャップ、ラグ
（1）ギャップ、ラグの定義

2台の車両の通過時間差を通常、ギャップ、ラグと称するが、これらの時間差は加減速行動の多い分合流部や織り込み部では車両の進行に伴って変化する。

図5.2において、i車が織り込み車であり、j車が織り込み車からみた前方車、$j+1$車が後方車である。織り込み車が織り込み挙動を行ったA断面を確かめ、このA断面における前方車と織り込み車の通過時間差を前方ラグ、後方車と織り込み車の通過時間差を後方ラグ、織り込み車が合流した前方車と後方車の通過時間差をギャップと定義するのが一般的である。

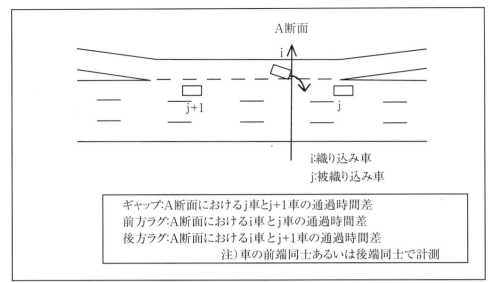

図5.2　ギャップ、ラグの定義

（2）調査方法

　　ギャップ、ラグの把握は、目視では困難であり、ビデオ撮影による方法が一般的である。

（3）計測位置

　　ギャップ、ラグの計測は、合流や分流の車線変更挙動が行われる区間とノーズやテーパ端の前後までを計測対象区間として、この区間が俯瞰できる計測位置と撮影画面を確保する。ビデオカメラの画面の設定や複数ビデオカメラの撮影範囲の設定に関する留意事項は前述の車線変更と同様である。

5.2　計測方法の特徴と留意点

5.2.1　計測員による目視

（1）特徴

　　容易に計測を実施でき機動性が高い。計測に要する費用や時間が少ない。サンプリングによって車両の車線変更位置や旅行速度を計測することも可能である。渋滞の発生状況や交通障害の発生といった突発事象も現場において計測しやすい。

（2）留意点

　　交通量が多い場合には、全車両に対する計測が追いつかなくなったり、計測ミスが生じた場合などに発生事象を再度確認することができない。

　　全車両を対象とした速度調査、合流行動に関するギャップやラグといった項目を詳細に計測するには適さない。

（3）計測箇所

　　現場における計測は、分合流部や織り込み交通流が広く俯瞰できる視点場を探し、最も適当な場所を選ぶことが最重要である。このような視点場としては、跨道橋、のり面、建造物の屋上等がある。

5.2.2　ビデオ撮影による計測

（1）特徴

　交通量の他、全車両を対象とした走行速度や旅行速度、ギャップ、ラグといった分合流に関する詳細なデータを計測することが可能となる。

　撮影した記録メディアを持ち帰り、映像のスロー・スチル再生や繰返し再生を後日室内で実施して、様々な交通現象を計測できる。

（2）留意点

　当然ながらビデオカメラの撮影画面範囲内しか映像記録として残らない点である。したがって、ビデオ撮影中には現場計測員が記録画面外で事故や故障車の発生、渋滞の発生、突発的な交通障害などの交通現象を常時観察しているか、複数のビデオカメラを用いて、できる限り広い範囲を撮影するように努める。

（3）撮影場所選定

　分合流部や織り込み交通流が広く俯瞰できる跨道橋、のり面、建造物の屋上などで計測員が常駐できることが望ましい。また、以下の点も留意すると良い。

- ・ビデオカメラの撮影状態を常時チェックできること
- ・電源や記録メディアの交換が容易であること
- ・音声等で収録画面の外などの対象区間に関する全体の状況の記録が可能であること

高架道路の照明柱や道路情報板などに仮設したビデオカメラによる記録では、車両の走行による振動のために、映像記録の解析が困難な場合もある。

　ヘリコプターを利用する方法は、撮影位置の高度をとり得る点で交通流を俯瞰するのに好都合である。ドローンを用いる例もあるが風の影響が大きく、安定した位置に停留させることが難しい（巻末の**参考資料Ⅲ**を参照）。

　ヘリコプターのホバリングには、騒音の問題が発生しやすい。また、航空路にあたる地域では制約がある。

　以上の計測方法は、ビデオカメラの撮影方向が動きやすく撮影画面の動きが大きくなるため交通現象の解析が難しくなる点を念頭に置いておく必要がある。

　道路管理者等が設置しているCCTVカメラによる映像も、カメラの設置位置によっては、利用できることがある。

（4）複数のビデオカメラの同期

　複数のビデオカメラで同時に撮影するときには、後日の解析の際に必要となるため、各ビデオカメラの記録時刻を必ず同期させる。

　ビデオカメラに内蔵されたタイマーを画面に表示しておくとよい。

　時報等を利用して予め各ビデオカメラのタイマーの時刻合わせを実施しておく。

　実用的には、現場でデジタル表示式の基準となる時計を用意しておき、撮影の開始時、さらにバッテリーや記録メディアの交換時において基準時計を10秒程度撮影しておくとよい。これによって、撮影された基準時計の表示時刻とカメラの内蔵タイマーの表示時刻との対比表を後日作成することで、各ビデオカメラの内蔵タイマーのずれを確認することができる。

（5）計測時間

　ビデオカメラの電源や記録メディアの記録時間の制約により1回の連続撮影時間に限界がある。したがって、長時間の撮影を実施するときは、以下の点を確認しておく。

　　・頻繁に録画状況をチェックすること
　　・あらかじめバッテリーの寿命をテストしておくこと
　　・大容量のバッテリーや記録メディアを用いること
　　・バッテリーや記録メディアの予備を十分に用意しておくこと
　　・バッテリー交換作業に要する時間を考慮しておくこと

（6）安全の確保

　ビデオカメラによる撮影に関しては、機器などが運転者の余計な注意を引くことがないように目立たないように設置する。

　撮影機材等を落下させることなどがないような配慮も必要である。特に高所にビデオカメラを仮設したりする場合には二重の落下防止策を講じる。

（7）記録メディアの保管

　収録した記録メディアには、交換後現場で速やかにラベルを付けておく。図5.3にテープラベルの記入例を示す。また、動画ファイルの場合はファイル名にこれらの内容を含める。

　撮影済み記録メディアを再使用することがないよう現場で時間のないときでもビデオカメラNoと通し番号だけは必ず記入する。

　また、記録メディアの保管は水気のないところ、直射日光が当たらないところとする。

調査箇所：○○ＩＣ～○○ＪＣＴ	撮影日時：○月○日○時～○時
ビデオカメラ　No：○（○○高架橋）	記録No：○

図5.3　ラベルの記入例

　画像処理による最近の調査例は、本書巻末の参考資料Ⅰにて紹介されている。

5.3　集計・整理と解析

5.3.1　交通量

　交通量を計測する道路断面の位置を決め、単位時間（1分、5分、10分等）ごとに通過車両を車線別、車種別にカウントする。

　同時に車線変更挙動を計測するときは、通過断面を複数決定して同様にカウントする。

　図5.4に織り込み区間での交通量の計測シートの例を示す。

5.3.1 交通量

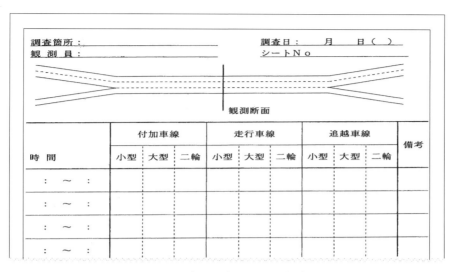

図5.4 交通量計測シート（例）

① 三軒茶屋～池尻（6：00～7：00）

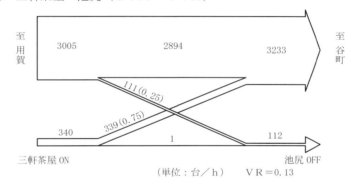

（単位：台／h）　ＶＲ＝0.13

② 江戸橋～箱崎（6：30～7：30）

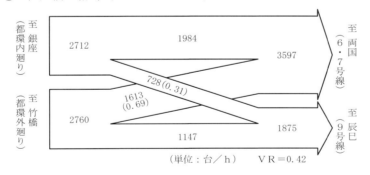

（単位：台／h）　ＶＲ＝0.42

（注1）ＶＲは織込み交通の比率を示す。
（注2）織込み交通の（ ）数字は方向別織込み交通量の全織込み交通量に対する比率を示す。

図5.5 交通流量図（例）

5.3.2 速度

1台の車両が2箇所の断面を通過するのに要する時間を計測することによって、速度を把握する方法を説明する。

まず、速度を計測する2箇所の道路断面の位置を決める。2箇所の断面は計測者が分かりやすい目標物を選ぶ。そして2箇所の断面間の距離を現場や図面上で計測する。

各断面の通過時刻を車両ごとに記録する。計測結果は、車線別、車種別、車線変更の有無別等に分類できるようにしておくとよい（図5.6）。

1つの区間につき計測員を1人以上割り当てる必要がある。現場目視では全車両を計測することは無理であると考えた方がよい。一方、ビデオ撮影ならば、後日1人の計測員が複数断面に対応することができる。

簡単な方法としては、2つの断面の通過時刻を計測する代わりに、ストップウォッチを利用して直接所要時間を計測する方法もある。

2断面間の距離計測には、一般的には以下の目標物を基準にモニター上に2つのラインを設定することが多い。

・照明灯や標識の支柱（図面または実測により距離を計測）
・マーキング（車線境界線のドット数で設定）

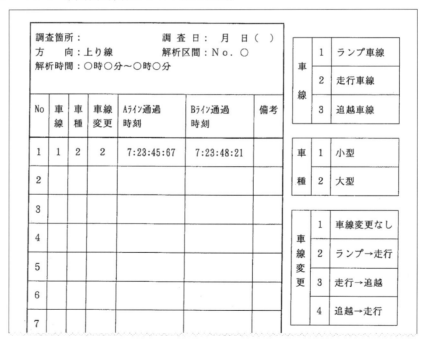

図5.6　速度解析用シート

5.3.3　車線変更位置とギャップ、ラグ

計測対象区間が長い場合や車線変更車両の多い場合などは、現場目視を実施するには計測漏れを防ぐために計測員を多く必要とするので、実用的にはビデオ撮影が望ましい。

現場目視、ビデオ撮影のどちらの方法でも、計測対象区間の全体をレーンマーク等の位置を利用していくつかの部分区間に分け、その部分区間における方向別の車線変更挙動の発生数をカウンターなどを利用して計測すればよい。

また、分合流地点は、分合流等の行動開始時点もしくは行動完了時点とし、車両がレーンマークにかかった時点、もしくはレーンマークをまたぎ終わった時点とする場合が多い。

以下に合流位置、分流位置、織り込み区間での車線変更位置および、同時に行うことが多いギャップ、ラグの解析方法の例を示す。

（1）合流位置

図5.7に示すように合流部を幾つかの区間に区分し、合流部のビデオ画面をもとに、以下の４項目を記録する。

- ・合流車車種
- ・合流区間番号
- ・区間起点側通過時刻
- ・区間終点側通過時刻

なお、合流位置のみの解析では車種、区間番号があればよいが、速度の解析も併せて行う場合には合流車の断面通過時刻の読み取りも必要である。ギャップ、ラグの解析も行う時には前車後車の区間終点側断面の通過時刻データも必要である。

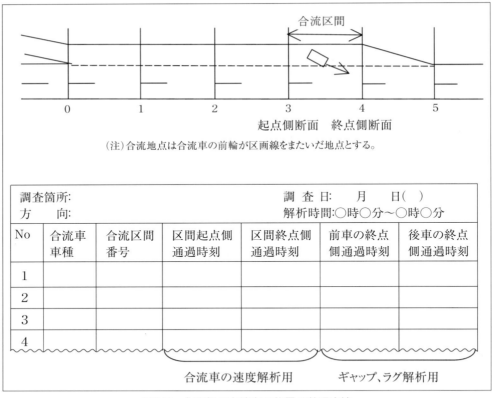

図5.7 合流部の車線変更位置の整理方法

(2) 分流位置

　分流位置の解析も前述した合流位置の解析方法と同様に、図5.8に示すように分流部を幾つかの区間に区分し、分流部のビデオ画面をもとに、合流位置と同じ4項目を記録する。

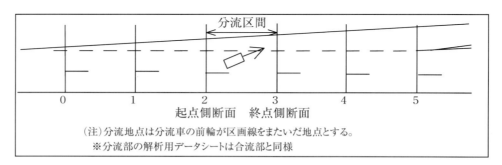

図5.8 分流部の車線変更位置の整理方法

5.3.3 車線変更位置とギャップ、ラグ

（3）織り込み位置

織り込み位置の解析では、合流部の解析方法に加えて車線変更の方向を記録する。

車線変更車について、織り込み区間手前の車線から織り込み終了区間まで追跡して解析する場合には、織り込み区間全体を俯瞰できる画面があればこれを利用して追跡する。

分割された画面の場合には、一連の画面を並べて車両を追跡する等により方向を特定する。

織り込み区間は延長が長く画面が複数に分割されることが多いため、区間境界で車線変更車をダブルカウントしないよう留意する。

整理は図5.9に示すように織り込み区間を幾つかの区間に区分し、合流位置と同じ4項目を記録する。

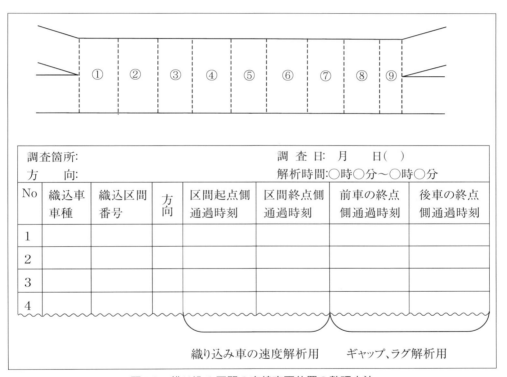

図5.9　織り込み区間の車線変更位置の整理方法

第6章　交通容量調査

6.1　交通容量の考え方

　道路の交通容量は、一定の道路条件と交通条件の下で、ある一定の時間内にある道路の断面を通過することが期待できる自動車の最大数をいう。すなわち、ある道路がどれだけの自動車を通し得るかというその道路の最も基本的な機能上の能力を示すものである。本節は、「道路の交通容量」、「平面交差の計画と設計（基礎編）」を参考、引用して述べている。

6.1.1　交通容量

　交通容量には、「ａ．基本交通容量」、「ｂ．可能交通容量」、「ｃ．設計交通容量」の次の３種類が定義されている。

　ａ．基本交通容量

　　　道路の部分ごとに、道路条件および交通条件が基本的な条件を満たしている場合に通過することが期待できる乗用車の最大数である。

　ｂ．可能交通容量

　　　現実の道路の道路条件および交通条件の下で通過が期待できる乗用車の最大数である。

　ｃ．設計交通容量

　　　道路を計画・設計する場合にその道路の種類、性格、重要性に応じ、その道路が年間を通じて提供すべきサービスの質の程度に応じて規定される交通量である。

　また、交通容量は単路部や交差点など道路構造により４つの区分で扱っている。

　ａ．単路部の交通容量

　　　信号機、一時停止標識、踏切、分合流、織込み等の外的要因によって交通が一時的に中断されない、ほぼ連続的な交通流が確保される道路の交通容量である。

　ｂ．平面交差点の交通容量

　　　信号機のある平面交差点の交通容量と信号機のない平面交差点（無信号交差点）の交通容量に分けられる。さらに無信号交差点は一時停止制御の交通容量と、ラウンドアバウト制御による交通容量に分けられる。

　ｃ．ランプ部の交通容量

　　　ランプ本体の交通容量とランプ接続部の交通容量があり、これらの中の最小のものがランプ部の交通容量となる。ランプ接続部の交通容量とは、ランプが加減速車線を介して本線に接続する分合流部の交通容量をいう。

　ｄ．織り込み区間の交通容量

　　　織り込み区間とは、その区間の上流端と下流端とにそれぞれ同一方向の流入路、流

6.1.2　交通容量の影響要因

出路を2つ以上持つ区間で、その区間に流入した交通のうち互いに他の車両の軌跡を横切る交通（織り込み交通）が存在する区間である。

織り込み区間の交通容量とは、織り込み区間を単位時間に通過できる最大交通量であり、織り込み区間長、車線数、織り込み交通量割合などの道路および交通条件に影響される。

6.1.2　交通容量の影響要因

交通容量は、その道路の道路条件と交通条件のもとにおける値である。交通容量の影響要因として、以下のものがある。

（1）道路要因

道路の幾何構造に関する物理的な形状に基づくものをいう。道路要因としては以下のようなものがある。

・車線数　・出入制限の有無　・車線幅員　・側方余裕幅　・路面状態
・線形　・勾配　・トンネル　・付加車線、登坂車線、織り込み車線

（2）交通要因

同一の幾何構造を有する道路の場合でも、その道路を利用する交通の質によって交通容量は影響を受ける。交通の質に基づくものを交通要因といい、以下のようなものがある。

・大型車　・動力付き二輪車、自転車　・車線分布　・交通量変動特性
・右・左折車、対向車　・横断歩行者　・交通制御、交通規制

このほか、車両性能（加速性能、減速性能、登坂性能等）や個々の運転者の運転技量、安全感覚、速度感覚、その道路の利用状況およびこれらの均質性なども交通要因と考えられるが、通常の交通容量調査では対象とすることは少ない。

（3）その他の要因

道路要因、交通要因のほかに、気象条件等の外的要因や、沿道利用に起因する要因もある。

6.1.3　交通容量の単位

交通容量は「1時間当たりの乗用車換算台数（pcu/h）」で表すのが基本である。これは、その道路を通行する交通が乗用車だけから構成されている場合に、乗用車を何台さばき得るかを示すものである。交通容量を実台数で表したいときは、乗用車換算台数で表示されている交通容量を、大型車など車種ごとの乗用車換算係数から求めた補正係数を用いて実台数に換算する。

6.2　単路部の交通容量

単路部の交通容量を実査から求めるために、関係する要因を用いて解析的に推定する方法がとられている。基本的な要因は、速度、車頭間隔、オキュパンシーであるが、以下に挙げる項目データを統計的に分析して算出することもある。なお、本節は「交通調査マニ

ュアル」から参考、引用して記述している。

　単路部の交通容量は、その地点を通過する交通流の以下に示す要因を用いて算定する。

　　　・交通量　・速度　・密度　・車頭時間　・車頭間隔（距離）

　　　・車線利用率　・追越し回数

◇これらの項目は、解析の段階で多様な分析に対応できるよう同時に計測することが望ましく、ビデオ撮影による計測が有利であることが多い。

◇ビデオ計測以外の方法では、各項目の計測は独立して行うが、各々を同時に計測する。

◇いずれの計測の場合でも、その地点の道路状況を表6.1に示す表に記録する。

表6.1　単路部道路状況の記録例

```
        年　月　日      時間 10:00～11:00      天候 晴      調査員 H・I
    1 道路名        中央通り

                                        5    道路の型
    2 道路幅員m                           高速道路      ＿＿＿＿
       縁石～縁石間      14.4           幹線街路       ✓
       中央分離幅        なし           準幹線街路     ＿＿＿＿
       路側分離帯幅      なし           生活道路       ＿＿＿＿
       中心線～縁石間    7.2
       中心線移動の幅員  なし          6    近隣建物の型
                                        オフィス      ＿＿＿＿
    3 交通の動き（チェック）              小売店        ✓
       一方通行                         工場          ＿＿＿＿
       二方向           ✓              住宅          ＿＿＿＿
       分離二方向                       公園          ＿＿＿＿
                                        未開          ＿＿＿＿
    4 道路の場所（チェック）
       繁華街中心         ✓           7    交通の型
       繁華街周辺                        ほとんど行楽    ✓
       繁華街外部                        通勤          ＿＿＿＿
       中間住宅地                        ほとんど都市間  ＿＿＿＿
       周辺住宅地                        通過          ＿＿＿＿
       地方部
```

6.2.1 計測項目の計測方法

（1）車頭時間

　主に高所からのビデオ計測により、マークした基準点（線）を通過する前後車両の時間間隔を計測する。

（2）車頭間隔（距離）

　車頭時間と同様に高所からのビデオ計測で行うが、予め路面に一定の距離間隔で白色テープを貼り付けるなどして、解析段階で画面から長さを測ることができるようにする必要がある。また、レーンマークの破線の寸法やガードレールの柱や照明ポールの間隔などを計測しておき、テープなどによるマークの代用とすることもできる。

（3）車線利用率

車線利用率は、車線ごとに交通量を測り、車線別交通量の全車線交通量に対する割合で表す。このデータは、交通閑散時や混雑時での単路部道路横断面の使われ方の違いや、分合流地点などのように道路条件が変化する箇所での交通流の説明には欠かせないものである。とくに合流現象を扱うときには、本線の外側車線の交通量が重要となる。

（4）追越し回数

以下の①～③のような3つの計測方法がある。

①対象区間の入口と出口において、そこを通過する車のナンバープレート情報と通過時刻を記録し、その記録から2地点での車の通過順序のつき合わせを行ない、追越し回数を求める。

②高所計測で一定区間の追越し回数を計測する。

③フローティングカーによる試験車走行法により、試験区間の追越し回数を計測する。

なお、追越し回数と交通量の関係は、交通量に応じてどの程度自由走行が制約されているかを示す尺度であり、交通量が増大し追越しが困難な状況の交通量は可能交通容量を示すものといえる。

6.2.2　解析方法

交通容量に近い交通需要のある場合は交通流が不安定となり、交通量と速度、密度などの関係は複雑でかつ不連続なものとなることが多い。したがって、交通容量以下の比較的安定した交通現象時の交通量とその他の交通要因との関係を、交通容量時での現象にまで外挿して交通容量を推定することになる。交通量に対比させる要因として、平均速度、平均密度、車頭時間、追越し回数などがある。これらの値と交通量の関係を定量的に求めて単路部の交通容量を求めるものである。

具体的には以上の各要因のうち、単一の要因のみから交通容量を推定するよりもいくつかの要因の変化あるいは傾向から交通量を推定することが望ましい。

（1）車頭時間と速度差

◇着目した断面での前後車の速度差を車種別に求めて、これと車頭時間との関係を示したものが図6.1である。この図より、自由走行流と拘束走行流とに分類して、前車の影響を受ける車頭時間の限界値を推定する。

◇つまり、その限界値以内の車頭時間が全体に対して占める割合を交通流の制約の尺度とし、交通容量の推定の資料とすることができる。主として2車線道路の交通容量の推定に用いられる。

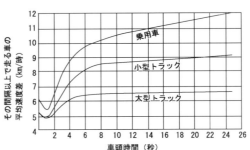

図6.1　速度差と車頭時間の関係（2車線道路）

（2）交通量と平均速度

◇単路部の単位時間当たりの交通量と平均速度の関係は、図6.2に示すようである。交通量が少ない場合は、速度と交通量の間には直線的な関係がみられる。交通量が多くなると、すべての車が追従して走行する状態となり、交通流は不安定になり急激な速度低下がみられる。この状態に対応する交通量が可能交通容量となる。

◇下の曲線は最小車頭間隔と速度の関係からも得られる。上の線は容量以下の交通量時の平均速度と交通量の関係を示す。その交点を可能交通容量とみなすことができる。

◇また、図6.3は車種ごとに、それぞれの交通量と時間平均速度の関係を示したものである。完全な追従走行時（交通容量に対する）には、それぞれの平均速度は等しくなるから、図の交点をもって可能交通容量とみなすことができる。

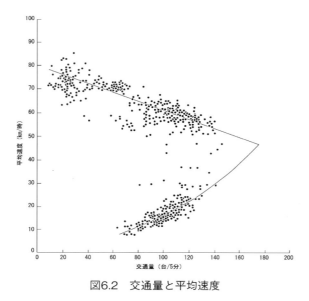

図6.2　交通量と平均速度

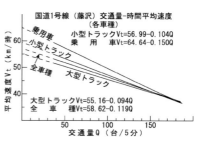

図6.3　交通量と時間平均速度

（3）車頭時間分布と交通量

交通量によって車頭時間分布は変化する。交通量ごとの車頭時間分布を求めて、この関係から交通容量を推定することもある。交通量の少ない場合は、各車が自由に走行できる交通流であるから、車頭時間はランダムで、分布形は指数分布に近い分布となる。交通量が増加し他の車の影響を受けるようになると、しだいに車頭時間の分散が小さくなる。さらに交通量が増加すると、ほぼ一定の車頭間隔で、すべての車が追従走行するようになる。この状態の交通量を可能交通容量値とする。

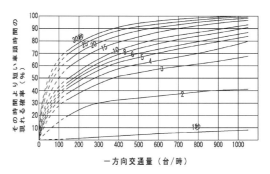

図6.4　交通量と車頭時間分布

（4）交通密度と平均速度

交通量が増加すると平均速度は直線的に低下し、交通容量近くになると車の走行速度は急激に低下し、渋滞や混乱が起きやすくなる。すなわち、交通容量付近の状態において、交通流は不安定になる。

このような現象を密度と平均速度の時系列関係で示すことができる。図

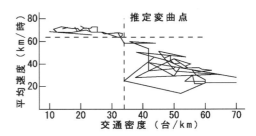

図6.5　交通密度と平均速度の変動

6.5は、1分ごとの交通密度と平均速度の関係を時間順に結んだものである。この図の例では、密度が35台／km以上のところで速度の安定性が失われ、その速度の変動が激しくなっている。この密度値を境界として安定流と不安定流に分けられ、この密度に対応した交通量が可能交通容量と考えられる。

> ## 6.3　無信号交差点の交通容量

交通信号機を用いずに平面交差点の交通運用を行う方法には，大別して一時停止制御によるものと，ラウンドアバウト制御によるものの2種類の交通制御方式がある。

6.3.1　一時停止制御交差点の交通容量の算出方法

優先側道路の交差点流入部の交通容量は、右左折車の影響がなければ，単路部の交通容量とほとんど同一とみなしてよい。また、一時停止規制を受ける非優先道路（従道路流入部）の交差点流入部は、一般に優先道路（主道路流入部）の交通需要に対して，非優先流入部から流入できる最大の交通量を，従道路流入部の交通容量とする。

主道路交通の車頭時間分布が指数分布である（ポアソン到着である）と仮定して、従道路流入部の交通容量を、以下の式で従道路交通の横断が可能な主道路交通の最小車頭時間（臨界流入ギャップ）を用いて算定する。

$$c = Q\frac{\exp(-QT_1)}{1-\exp(-QT_2)}$$

ここで、　c：従道路流入部の交通容量［台／秒］

Q：主道路の往復交通需要［台／秒］

T_1：臨界流入ギャップ［秒］

T_2：流入車両の追従車頭時間［秒］

一時停止交差点の交通容量の詳細については、「平面交差の計画と設計（基礎編）」を参照されたい。

6.3.2　ラウンドアバウトの交通容量の算出方法

ラウンドアバウトでは環道優先制御が用いられる。環道交通の車頭時間（ギャップ）がある一定値以上になった時に、流入部から環道へ流入車両が流入するとみなして、以下の式で交通容量を算出する。

$$c_i = \frac{3600}{t_f}\left(1 - \tau \cdot \frac{Q_{ci}}{3600}\right)\cdot \exp\left\{-\frac{Q_{ci}}{3600}\cdot\left(t_c - \frac{t_f}{2} - \tau\right)\right\}$$

ここで、c_i：流入部 i の交通容量[台／時]

Q_{ci}：流入部 i 正面右側直近断面の環道交通量[台／時]

t_c：臨界流入ギャップ[秒]

t_f：流入車両の追従車頭時間[秒]

τ：環道交通流の最小車頭時間[秒]

ラウンドアバウトの交通容量の詳細については、「ラウンドアバウトマニュアル」を参照されたい。

6.4 信号交差点の交通容量

6.4.1 飽和交通流率の基本概念

飽和交通流率は、信号交差点において「信号が青を表示している時間の間中、車両の待ち行列が連続して存在しているほど需要が十分ある場合に、交差点流入部を通過し得る最大流量」と定義される。なお、本節は「道路交通容量調査マニュアル検討資料Vol.2」、「平面交差の計画と設計（基礎編）」を参考、引用して記述している。

信号の青時間は、各交差点の現示パターンによって異なるため、一般に飽和交通流率は、単位を「台／有効青1時間」として表している。交差点の流入部で待ち行列の車両がほぼ一定の間隔（比率）で流れている状態の交通流を飽和交通と呼び、この状態で流れるときの流率は流入部を通過し得る最大の流率を示すもので飽和交通流率と呼ぶ。

信号交差点における交差点流入台数（累加台数）と現示の関係を図6.6に示す。

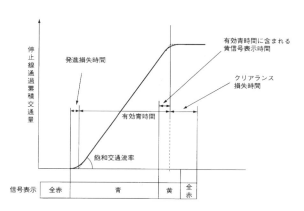

図6.6　信号交差点の飽和交通流率
（出典：「平面交差の計画と設計（基礎編）」）

6.4.2 飽和交通流率の計測要件

信号交差点の飽和交通流率調査は、その目的から大きく次の3つに分類される。
・飽和交通流率の基本値（基本飽和交通流率）を推定するための計測
・実際の道路・交通条件の下での可能値（可能飽和交通流率）の計測
・道路要因、交通要因、周辺要因などの飽和交通流率に影響を及ぼす要因の影響を計測
飽和交通流率を計測する際の条件は以下のようである。

（1）十分な交通需要があること

　青時間内に捌ききれないほどの待ち行列が存在していることが望ましい。少なくとも赤信号時に車線当たり10台程度以上の待ち行列が形成されていること。

　また、右折専用車線で専用現示の時間が短い場合には、その現示の間に捌ける台数が限られることから、行列台数は5台程度以上あることが望ましい。

（2）車線別に計測すること

　流入部に複数の車線がある場合は、車線別に飽和交通流率を求める。

（3）流出方向に車両が滞留していないこと

　計測対象流入部の流出方向（下流側）に車両が滞留している場合（渋滞列が延伸して閉塞する、いわゆる先詰まり）には飽和交通流率の計測はできない。先詰まり状態にある場合の計測データは、飽和交通流率の算定から除外する。

（4）計測サイクル数が確保されること

　　データとして使用できるサイクル数が少なくとも30サイクル、可能ならば50サイクル以上あることが望ましい。午前、午後のピーク時を中心に計4時間程度の計測を行えば十分なことが多い。ただし、飽和交通流率の影響要因について計測する場合は、分析対象とする要因の影響を受けているデータが得られたかどうかを吟味する必要がある。計測時には、飽和交通流率の計測上障害となるような交通現象が生じることがあるため、そのような障害が計測時に発生した場合にはその都度、記録しておく。

　　計測上障害となるような交通現象の主なものは以下のとおりである。

- ・流入部の下流側で車両が滞留する「先詰まり現象」
- ・緊急車の通過
- ・沿道建物（例えば、ガソリンスタンド、駐車場）への車の出入り
- ・バス停がある場合のバスの発着
- ・交差交通の車両が交差点内に残るための進路の閉塞
- ・右折待ちの行列の延伸による直進車の進路閉塞
- ・対向右折車の強引な右折、割り込みあるいは右折待ちの位置が不適当なために生ずる流れの乱れ
- ・待ち行列の車両の間における無理な車線変更

　　さらに、飽和交通流率は道路・交通条件のわずかの違いで計測値がばらつくことから、交差点の幾何構造、路面状況などの現況はもちろんのこと、車種構成（大型車、二輪車）の影響、右折左折の影響、駐停車の影響、横断歩行者の影響などを記録しておくと解析段階で有用な情報になる。

6.4.3　飽和交通流率の計測方法

飽和交通流率の計測方法には次のようなものがある。

- ・ストップウォッチとマニュアルカウンターを用いるマニュアル計測
- ・ビデオカメラを用いるビデオ計測

それぞれの主な計測方法について述べる。

（1）マニュアル計測＜その1＞―飽和サイクルの捌け台数の実測―

　　計測した時間帯の中で、車線あたり10台程度以上の待ち台数がある信号サイクルだけに着目し、車両が連続して流入部を通過した捌け台数とその継続時間から飽和交通流率の値を求める。

（2）マニュアル計測＜その2＞―計測単位時間ごとの捌け台数の実測―

　　待ち行列の車両が青信号に変わって発進、流出していくときの捌け台数を計測単位時間ごと（通常は5秒ごと）にカウントする方法である。この方法では、飽和交通流率と損失時間（発進遅れとクリアランス損失）の両者を求めることができ、青信号で車両が発進し赤信号で車両が停止するまでの平均的な変化の状態をみることもできる。

（3）マニュアル計測＜その3＞―飽和交通流内の捌け台数の実測―

　　待ち行列の先頭1～3台目の車両(発進遅れに相当する先頭部分の車両)を除き、4台

目の車両から待ち行列末尾車両が流出するまでの捌け台数と、これらの車両が捌けるのに要した時間（先頭から３台目の車両が通過したタイミングから、待ち行列が途切れない状態で最後に通過した車両）とを計測して飽和交通流率を求める。この方法は、発進遅れの車両部分を計測せずに飽和交通流率だけを求める方法である。損失時間を計測せず飽和交通流率のみを求めるという点ではマニュアル計測＜その１＞と同様であるが、飽和していない状態の信号サイクルにも適用できることから、実務において使用されることが多い計測方法である。なお、この方法によって計測されたデータを用いた飽和交通流率の算出方法は6.4.4(1)を参照されたい。

（４）ビデオカメラによる計測

　ビデオカメラによって交差点流入部を撮影する方法である。計測時に飽和交通流率のデータを直接計測せず、計測後にビデオ画像を再生しながらデータを読み取る。本方法は、計測時の交通状況を計測後に何度でも再現でき、計測目的に合わせて必要なデータを収集でき、最も自由度の高い方法である。しかし、ビデオカメラで撮影された範囲の交通状態しか再現性がないため、撮影範囲を十分に検討して撮影位置や画角を設定する必要がある。また、計測後にデータを収集するという作業を行うため、マニュアル計測方法と比べて飽和交通流率値を求めるまでに多くの作業時間を要する。

6.4.4　飽和交通流率の算出方法

　飽和交通流率の算出方法は次の２つの方法がある。

（１）捌け台数に基づく算出（主としてマニュアル計測の場合）

　飽和交通流率は、飽和交通流中で捌けた台数を捌くのに要した時間で除し、青１時間当たりの値に換算することによって求める。

$$飽和交通流率 = \frac{捌け台数}{飽和交通流中の捌けに要した時間}$$

　なお、マニュアル計測＜その３＞から収集したデータによる飽和交通流率の算出方法は次式の通り。

$$S = \frac{\sum m_i}{\sum (t_i / 3600)}$$

　　　　　ここで、S：飽和交通流率［台／時］

　　　　　　　　　m_i：サイクル i の車頭間隔数[個]

　　　　　　　　　t_i：サイクル i の捌け時間[秒]

（２）車頭時間に基づく算出（ビデオ計測の場合）

１）先頭から４台目以降の全車頭時間の平均値による方法

　簡便に対象流入部について、実台数による飽和交通流率（可能値）を求めるには、飽和状態にあった交通流の車頭時間の平均値の逆数から算出する。このとき、発進遅れの影響を取り除くため（図6.7参照）、停止待ち行列の先頭発進車から通常４台目以降の車頭時間について平均値を求める。

$$飽和交通流率 = \frac{1}{\Sigma h / n} \times 3600 \text{（台／青1時間）}$$

ここで、h：発進順番4番目以降の車頭時間（秒）
　　　　n：データ数

　この場合、車種構成の影響はそのまま含まれているものとして飽和交通流率を実台数で求めていることに注意が必要である。求めた値を飽和交通流率（pcu／青1時間）として用いると、大型車の乗用車換算係数を1.0とみなしていることになる。

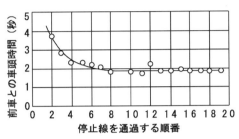

図6.7　発進時の車頭時間
（出典：「交通調査マニュアル」）

2）発進順番別累加車頭時間の回帰分析による方法

　この方法は、停止線通過時に計測した車頭時間から求められた発進順番別の車頭時間の平均値を発進順番について累加し、累加車頭時間に対する捌け台数の累加値との関係を直線回帰して、その傾きから飽和交通流率を求めるものである（図6.8）。

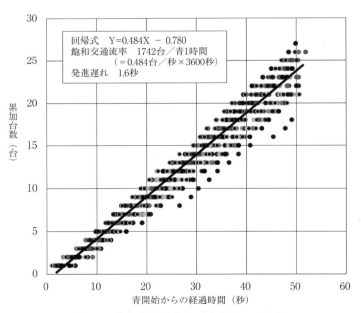

図6.8　飽和交通流率及び発進遅れの算出

6.4.5 計測結果の整理

青信号現示開始から4～5秒ごとの累加台数の平均値を求め、これを4～8秒もしくは5～10秒時点から青信号終了時点までグラフ化し、時間座標について直線回帰する。この結果の一例が図6.9である。

ここで、ABは発進遅れによる損失、BCの勾配は飽和交通流率、CDは黄信号による損失時間であり、その流入部の有効青1時間当りの交通容量は次式で求められる。

有効青1時間当たりの交通容量（台／青時間）＝飽和交通流率（台／秒）×3,600

なお、この例での飽和交通流率は回帰式のXの係数0.3941である。

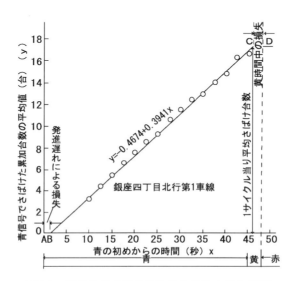

図6.9　信号交差点流入部の飽和流率と損失時間
（出典：「交通工学実務双書−1　交通現象と交通容量」）

飽和交通流率は、計測条件や算出方法等の情報を明確にすることで計測結果を相互に比較することができ、そのためには飽和交通流率の計測結果をこれらの条件を示す共通のフォーマットを作成しておくことが有効である（表6.2～6.6）。

表6.2 交通量及び交通状況計測シート（記入例）
マニュアル計測〈その１〉

シートNo. 5

交通量及び交通状況測定シート

交差点名 _____ 道路名 _____ 流入部方向 _____ 車線数 1

調査年月日平成　年　月　日（　）　調査時間帯 _____ 観測者名 _____

No.	開始時刻	終了時刻	右折	直進	左折	飽和　？(注)	交通状況
57	1:35:58	1:36:50	0	22	2	ⓐ飽和　非飽和　先詰り	
58	1:37:30	1:38:22	0	24	1	ⓐ飽和　非飽和　先詰り	
59	1:39:02	1:39:54	3	13	2	ⓐ飽和　非飽和　先詰り	バスの停車
60	1:40:30	1:41:22	1	7	2	飽和　ⓐ非飽和　先詰り	
61	1:42:00	1:42:51	0	26	1	ⓐ飽和　非飽和　先詰り	
62	1:43:30	1:44:21	0	18	5	ⓐ飽和　非飽和　先詰り	
63	1:44:59	1:45:48	0	23	2	ⓐ飽和　非飽和　先詰り	
64	1:46:28	1:47:18	0	11	1	飽和　ⓐ非飽和　先詰り	救急車の通過
65	1:48:00	1:48:51	0	23	3	ⓐ飽和　非飽和　先詰り	
66	1:49:29	1:50:20	2	11	1	飽和　ⓐ非飽和　先詰り	
67	1:51:00	1:51:51	1	20	1	ⓐ飽和　非飽和　先詰り	
68	1:52:31	1:53:21	0	19	2	ⓐ飽和　非飽和　先詰り	停車車両あり
69	1:54:00	1:54:52	1	20	2	ⓐ飽和　非飽和　先詰り	
70	1:55:30	1:57:00	1	10	1	飽和　ⓐ非飽和　先詰り	バスの停車

注）飽和の判断：多車線流入部の場合、次のどちらかに丸印をつける。
　１．流入部の全車線が飽和（捌け残りあり）
　２．流入部の主要車線が全て飽和

6.4.5 計測結果の整理

表6.3 飽和交通流計測シート（記入例）
マニュアル計測〈その２〉

飽和交通流率測定シート　　シートNo. 2

| 交差点名 | 道路名 | 調査年月日： 年 月 日（ ） | 調査時間帯： | 調査員名 |

サイクル番号	5秒間隔ごとの通過台数	飽和？(○/×)	参照開始時間(秒)	備考
11		×	44	駐車あり
12		○	44	軽急車の通過
13		○	44	馬車あり
14		×	44	〃
15		○	44	〃
16		×	44	〃
17		○	60	〃
18		×	44	バス停からバス発車 駐車あり
19		×	60	駐車あり
20		○	42	〃

表6.4 飽和交通流計測シート（記入例）
マニュアル計測〈その３〉

飽和交通流率測定シート　　シートNo.

交差点名 _____　道路名 _____
測定流入部： _____　測定車線：第 車線
調査年月日：平成 年 月 日（ ）　調査時間帯
天候： 晴
観測者名： _____

地点図

測定サイクル	大型(台)	小型(台)	2輪(台)※	通過時間(秒)	備考
1	3	7	1	25.2	
2	2	7	0	23.5	
3	2	4	1	21.2	
4	5	15	1	23.5	
5	0	12	0	120	
6	5	7	0	15.5	
7	3	7	0	12.1	
8	3	5	1	20.1	停車あり
9	3	5	0	21.3	停車あり
10	4	9	0	26.4	
11	2	5	1	20.8	
12	5	14	1	40.3	
13	5	13	0	43.2	
14	5	12	0	38.8	
15	5	7	2	28.1	

※ ２輪は動力付き２輪車

表6.5　飽和交通流計測シート（記入例）　ビデオ計測

サイクル番号	信号サイクル別の発信通過順の通過時間（秒）																										
	1台目	2	3	4	5	6	7	8	9	10	11	12	13	14	15	16	17	18	19	20	21	22	23	24	25	26	27
1	2.67	4.30	7.37	9.53	11.83	14.37	16.67	18.60	20.50	22.33	24.44	27.57	29.83	35.87	37.70	39.83	41.30	42.87	44.47	46.33							
2	2.20	4.47	7.13	9.37	11.47	13.10	15.23	17.20	18.63	20.93	23.57	26.63	28.57	30.03	31.80	32.93	35.33	37.63	39.83	41.70	42.93	45.50	48.30				
3	2.70	6.13	9.33	10.83	13.90	15.37	18.33	20.23	22.17	24.50	27.07	28.30	29.40	31.13	32.50	34.00	35.57	36.70	38.73	41.80	44.40	46.67	48.10				
4	0.97	3.70	6.60	8.83	11.57	13.57	17.33	17.80	20.93	22.40	23.87	26.00	27.40	31.13	32.13	33.97	37.67	39.53	42.33	44.63	47.03						
5	1.57	4.70	6.60	8.70	10.90	13.57	16.17	17.80	20.20	21.93	23.63	25.73	27.80	30.17	32.07	33.80	36.60	37.60	39.83	41.63	43.07	45.40	46.57	47.60	49.27	50.50	
6	1.90	3.93	6.10	8.53	10.60	12.20	14.20	16.10	18.33	20.89	22.29	24.49	26.05	28.79	30.92	32.99	35.35	36.45	38.92	41.19	43.35	44.83	46.60	48.00			
7	2.93	5.17	8.37	10.23	12.17	14.27	15.40	16.10	17.80	21.83	23.90	24.90	27.23	28.83	30.17	31.97	33.80	36.67	39.27	41.23	42.90	44.83	46.60				
8	2.07	3.37	5.93	8.13	10.27	11.77	13.43	14.93	17.07	22.00	23.57	25.10	27.23	28.47	29.93	35.37	36.67	39.50	42.87	45.43	46.77	48.30	50.47				
9	1.10	3.67	5.93	8.47	11.63	13.43	15.10	17.07	18.63	20.97	22.43	24.00	25.53	30.27	32.73	34.50	36.97	39.50	42.87	45.43	46.77	48.47	50.37				
10	1.60	4.20	6.97	10.33	12.77	15.43	18.50	20.97	21.83	23.30	24.63	26.80	28.60	31.03	33.20	34.80	36.30	38.40	40.83	42.03	43.07	44.80	46.93	48.47	50.37	51.90	
11	5.67	8.13	10.80	12.70	14.57	16.90	19.20	22.00	21.83	23.00	26.93	29.27	31.67	34.10	36.57	38.83	40.27	43.53	46.20	47.93	48.90	50.47					
12	3.13	5.07	7.93	9.40	11.07	12.63	16.10	18.30	19.73	21.13	23.00	25.70	26.90	28.13	29.97	31.97	33.77	36.73	38.47	45.07	46.33						
13	2.83	7.60	10.37	12.10	14.13	16.23	18.73	22.23	25.03	26.97	28.47	31.27	32.70	34.60	36.33	37.53	39.17	43.03	46.43	47.67	50.07						
14	1.90	4.90	6.43	8.73	10.83	13.13	15.33	16.77	19.87	20.97	21.90	23.27	27.30	28.83	32.60	35.37	34.30	39.80	41.13	40.60	44.03						
15	2.37	4.03	6.20	9.00	11.23	13.50	16.40	18.37	20.13	21.77	24.53	26.57	28.07	29.40	31.43	33.33	36.60	39.40	42.00	43.90	46.67	48.10					
16	1.63	4.00	6.90	9.00	12.43	14.67	16.83	19.57	21.03	24.20	25.70	27.43	29.33	30.80	32.43	34.03	35.97	37.73	40.07	42.03	43.73	45.03					
17	1.03	3.27	6.20	7.77	10.33	13.63	16.23	18.57	20.63	22.27	24.17	26.30	28.23	30.10	31.80	33.20	34.30	36.10	38.00	40.60	41.90	43.70	45.40				
18	2.33	4.93	6.97	9.40	12.13	13.87	16.40	19.49	21.23	22.67	24.37	26.03	27.90	29.83	33.33	32.80	34.57	37.73	39.13	40.97	42.40	43.70	45.83				
19	3.23	9.13	10.40	12.40	14.07	15.97	17.87	20.53	21.90	24.57	29.43	31.33	33.23	36.03	37.87	39.53	41.30	43.77	45.23	47.57							
20	2.27	5.67	7.60	10.07	12.23	14.20	15.90	17.33	18.90	20.77	22.27	23.60	24.87	27.83	30.00	32.07	34.33	36.13	38.10	41.20	44.27	45.57	46.83	48.33	49.33		
21	3.47	6.13	8.37	11.23	13.37	15.23	15.90	19.37	22.60	22.83	26.93	25.93	27.27	28.50	30.50	35.63	37.53	39.43	45.73	47.13	49.10	50.50					
22	3.27	6.23	8.60	12.23	14.67	16.87	20.10	22.13	24.10	26.23	28.63	31.03	33.93	35.67	37.20	39.57	41.83	43.83	46.20	47.93	48.90	50.47	50.03				
23	2.57	6.00	7.67	9.23	12.13	14.03	15.87	17.90	19.63	22.97	25.67	27.97	30.80	33.13	35.67	37.23	39.67	42.43	45.23	47.80	48.90	50.00	47.37				
24	1.67	4.57	6.53	8.20	10.73	12.53	15.87	16.67	19.63	22.97	24.20	27.50	29.43	34.40	36.10	38.03	40.83	41.47	43.33	43.67							
25	2.27	4.57	7.07	9.90	14.10	16.77	19.67	21.93	23.47	24.83	26.13	28.73	31.07	34.77	36.43	38.30	40.10	41.47	43.33	45.00							
26	3.43	6.60	8.47	10.33	12.83	14.87	16.33	18.83	20.63	22.27	24.67	28.77	32.07	35.13	36.87	39.23	41.93	44.50	46.30	48.17	50.63						
27	1.50	5.93	8.47	10.10	12.13	13.13	15.87	19.50	19.00	22.67	24.63	28.87	28.23	30.10	32.60	36.00	34.57	36.10	46.50	41.60	44.13						
28	1.90	4.73	7.77	12.80	15.90	19.07	20.78	22.80	24.57	27.20	29.27	31.60	34.23	35.77	38.43	40.70	43.10	44.50	46.50								
29	2.50	6.20	8.40	10.40	12.17	14.00	15.33	17.33	19.07	20.80	22.73	24.63	26.67	28.70	30.90	32.57	34.07	36.57	39.27	41.20	43.30	45.43	47.50				
30	5.00	7.77	9.67	11.97	13.40	15.03	17.00	19.03	20.50	22.13	24.77	25.93	27.63	29.41	31.30	32.73	34.17	35.60	38.17	39.83	40.93	42.77	44.07				
31	2.20	5.97	8.77	11.30	14.00	15.83	17.67	19.50	21.23	22.13	24.53	26.33	28.00	29.70	32.03	33.50	37.13	39.40	43.83	43.87	48.33	50.03					
32	2.90	5.67	7.73	9.43	11.70	13.73	15.43	16.70	19.90	21.80	24.27	25.47	27.20	29.13	31.30	32.57	34.37	35.97	37.53	39.27	41.00	44.23	47.27	49.23			
33	1.70	4.07	6.40	8.03	9.77	12.27	14.33	16.10	20.67	23.13	24.60	26.67	28.90	30.57	33.93	35.43	36.97	38.67	40.03	41.67	42.80	44.20	45.33	47.83			
34	1.63	4.40	8.30	10.87	13.57	17.27	20.47	26.57	28.90	30.37	32.53	34.20	36.50	38.40	40.77	45.40	47.80	49.10									
35	2.43	4.57	6.40	8.40	9.90	11.77	13.73	15.70	17.13	18.87	21.03	23.27	25.20	27.73	29.67	31.03	32.27	34.00	35.97	37.73	39.40	41.13	43.33	45.03	47.33	48.50	49.90
36	4.50	6.40	8.83	11.27	13.30	15.17	17.73	19.90	21.63	23.80	25.53	27.10	30.43	31.90	33.50	35.20	36.33	37.80	38.97	41.07	43.30	45.50	48.07	48.87			
37	1.33	3.90	10.00	11.93	13.77	15.00	16.50	19.33	21.63	23.80	22.80	24.07	26.57	29.87	31.60	31.60	33.73	36.80	35.57	41.07	42.77	42.07	44.37	45.87	47.03	49.77	
38	1.63	4.80	6.70	8.67	10.40	12.60	14.50	16.10	18.10	19.53	20.73	22.10	25.63	28.07	30.73	30.73	32.07	33.93	35.57	37.10	40.93	43.00	44.87	46.63	47.87		
39	1.10	3.70	6.33	8.23	10.67	13.47	16.53	19.47	22.63	25.53	27.03	28.57	30.20	31.93	33.53	36.00	37.67	42.10	43.43	45.27	46.93	48.50					
40	1.03	4.57	8.50	12.47	14.73	16.60	18.13	21.87	23.10	23.10	28.00	29.40	30.80	32.57	34.13	36.00	37.67	42.30	43.00	45.77	47.30						
41	1.47	3.90	6.77	9.13	11.30	13.00	15.47	18.07	20.27	23.10	24.83	26.13	27.37	28.97	30.90	34.33	36.33	39.73	43.00	44.83	47.47	48.60					
42	1.77	4.77	6.33	9.00	10.23	11.70	13.37	15.10	17.17	18.77	20.53	22.30	24.60	26.57	30.93	33.07	34.90	36.97	39.27	42.30	43.57	48.27	50.07				
43	1.63	4.37	8.57	10.40	12.33	14.33	16.47	15.73	19.40	21.03	23.60	25.53	28.37	29.97	31.50	32.93	34.83	36.77	38.87	42.23	44.57	48.27	50.07				
44	1.97	4.93	7.07	8.60	10.23	12.23	13.30	15.73	19.20	23.40	23.40	25.27	28.37	29.43	31.50	33.57	35.50	37.17	38.70	40.40	41.97	45.23	45.23	48.27			
サンプル数	44	44	44	44	44	44	44	44	44	44	44	44	44	44	44	44	44	44	43	41	37	30	22	12	9	4	1
平均値	2.29	5.10	7.67	9.95	12.22	14.34	16.53	18.71	20.75	22.80	24.75	26.77	28.87	31.04	33.08	35.00	36.97	38.94	40.90	42.84	44.35	45.70	47.10	47.60	48.71	50.17	49.90

6.4.5　計測結果の整理

表6.6（1/2）　信号交差点の交通容量チェックシート（例）

①交差点名	（　　　都道府県　　　市区町村）　②観測流入部　A　B　C　D　E					
③道路名	道路（ － ）:　　　　　　道路（ － ）:　　　　　　道路（ － ）:					

④ 交 差 点 概 略 図	⑤ 観測流入部の横断構成（幅員構成）					
	⑥ 右 折 車 線 長	【　　　】m・不明（【　　　】台）				
	⑦ 左 折 車 線 長	【　　　】m・不明（【　　　】台）				
	⑧ 縦 断 勾 配	平坦・上り・下り（【　　　】%）				
	⑨ 歩 道	有（マウントアップ・ガードレール・縁石のみ・マーキング）・無				
	⑩中央帯の種類	分離帯（マウントアップ）・ゼブラ標示・中央線・道路鋲・その他（				
	⑪路面状態	乾燥・湿潤・積雪・凍結・その他（　　　　）				
		わだち掘れ　有・無・不明				
	⑫ 駐車	有（流入部・流出部）・無・不明				
	⑬バス停留所	有（流入部・流出部）・無・不明				

⑭ 交通量データ	有・無	⑱ 信 号 現 示 図				
⑮ 時間帯	:　～　:	1Φ	2Φ	3Φ	4Φ	5Φ
⑯ ＜流入部：A・B・C・D・E＞						
大型車混入率：有（【　　】%）・無・不明	歩行者交通量 多・少・不明 （【　　】人/時）	G=	G=	G=	G=	G=
（台/時）　（【　　】%）　（【　　】%）		Y=　AR=	Y= AR=	Y= AR=	Y= AR=	Y= AR=
		サイクル長＝　　　秒				
	歩行者交通量 多・少・不明 （【　　】人/時）	⑲ 交通規制の状況	（右折・左折）禁止・常時左折可・駐停車禁止・その他（　　　　　　　）			
⑰ （直進左折・直進右折）混用車線の右・左折率		⑳ 信号制御	定周期制御・感応制御・不明			
左 折 率	有（【　　】%）・無・不明	㉑ 周辺状況	市街地中心・市街地周辺・市街地郊外・山間部・その他（　　　　　　）			
右 折 率	有（【　　】%）・無・不明	㉒ その他（特記事項）				

第6章

83

表6.7（2/2）　信号交差点の交通容量チェックシート（例）

㉓観測日時	年　月　日（　）平日・休日　時間　～			㉔天候	晴・曇・雨・雪・霧・不明
㉕解析時間帯	～		㉖観測機器	マニュアルカウンター・ストップウォッチ・ＶＴＲ・その他（　　　　）	
㉗読取りデータ	停止線通過台数・停止線通過時刻・その他（				
	車種区分	2車種（大型・小型）・ 3車種以上（　　　　　　　　　）			

㉘ 交通容量の算出対象データ	
a. 飽和サイクルのみを対象	b. 不飽和サイクルを含めて対象
＜対象とした飽和サイクル（多車線流入部の場合）＞	＜ 算出対象とした車両 ＞
ｲ. 全車線にさばけ残りがあったサイクル	ｲ. 停止待ち行列車両
ﾛ. いずれかの車線にさばけ残りがあったサイクル	ﾛ. 一定時間間隔以内にあった車両（【　　】秒以内）
ﾊ. その他（　　　　　　　　　　　　　　）	ﾊ. その他（　　　　　　　　　　　　）
備考：	待ち行列台数【　　】台以上のサイクルを対象
	備考：

㉙発進先頭車の取扱い	除く（先頭車から【　　】台目までを除く）・除かない・不明
㉚先詰まりサイクル	有（除く・含む）・無・不明

㉛ 飽 和 交 通 流 率 の 算 出 値　　（ 車線・流入部 ）当り　　（ ｐｃｕ・台／青1時間 ）

車線名		方法Ⅰ（ a ・ b ・ c ）				方法Ⅱ（ a ・ b ）				
		飽和交通流率	標準偏差	サイクル数	大型車混入率（％）	車 頭 時 間			飽和交通流率	大型車混入率（％）
						平均値（秒）	標準偏差	データ数		
車線当り	第1									
	第2									
	第3									
	第4									
	第5									
流入部当り										
発進遅れ		有（【　　】秒）・無・不明				有（【　　】秒）・無・不明				

大型車の乗用車換算 ：　有 （ 乗用車換算係数＝【　　】）・ 無 ・ 不明

＜備 考＞ （注：方法Ⅰ、Ⅱは記入要領を参照）

㉜右折車線の交通容量（右折現示のない場合）： 有 ・ 無 ・ 不明	右折車のギャップ解析 ： 有 ・ 無 ・ 不明
・右折車のサイクル当りさばけ台数 ： 【　　】台／サイクル	
・右折車に対する対向交通量 ： 【　　】台／時　　　・信号現示切り替わり時の右折車さばけ台数 ： 【　　】台／サイクル	

㉝出　典	
㉞調査機関	
㉟出典での解析影響要因	幅員（流入部・車線）・縦断勾配・大型車・右折車・左折車・駐停車・バス停・地域特性・その他（　　　　　　　　　　　　　　　）

第7章　事故調査・事故分析

　わが国の交通事故に関するデータは、警視庁および道府県警察本部（以下警察本部）が収集し作成するデータを警察庁において統合された「交通事故統計データ」が基本となる。

　このデータを基に、事故多発箇所の抽出・分析等に資するデータとして「交通事故統合データベース」が作成されている。これは、道路管理者が一般都道府県道以上の有料道路を除く一般道路を対象としている。事故発生位置をデジタル道路地図上で特定した事故マッチングデータを基に、（公財）交通事故総合分析センター（ITARDA）が道路交通センサスデータと交通事故統計データの主要な項目を結合して作成したデータである。この「交通事故統合データベース」は、国土交通省の地方整備局および都道府県・政令指定市に配布されており、各道路管理者が管理する道路における事故多発箇所等の抽出、交通事故分析や対策立案に活用されている。

　近年は上記事故多発箇所等を基にしたヒヤリハットマップが自治体から公表されているなど、各種データが予防保全対策にも活用されてきている。さらには、プローブカーデータから急ブレーキや急ハンドルが多く発生している地点を抽出することが可能となってきている。これらの地点は道路構造や見通しなどの面で何らかの課題を抱えた地点と捉えることができることから、急ブレーキや急ハンドルの挙動の発生要因を特定することで、交通事故を未然に防ぐ対策を立案・実施することが可能となる。

　以上より、この章では交通事故対策立案に資する交通事故発生状況の把握、交通事故発生要因の分析、最近多く使われているプローブカーデータの活用について述べる。

7.1　対象道路と事故分析プロセス

　交通事故分析を行う対象道路の範囲は、以下のように大別される。

（1）地域

　都道府県、市区町村別に交通事故の特徴を統計的に分析する。地域での比較を行う場合は面積、人口、自動車保有台数、走行台キロ等の指標を尺度として基準化を行い分析することが多い。

（2）路線（区間）

　国道、都道府県道等、特定の路線別に発生している事故を統計的に分析する。センサス区間、交差点間等の交通特性や沿道状況などを把握し、事故分析結果と合わせて路線の事故対策に用いる。

（3）地点・箇所（交差点）

　交差点等の特定箇所あるいは短区間で発生している事故の特徴を把握し、対策を行うための基礎資料とする。データを取り扱う際には、各々の事故類型等を読み取り、その要因となっている事象、道路交通環境を明らかにすることで事故対策に結びつける。

　これらの分析の結果、対策を検討する地点が既知の場合と既知でない場合について、図7.1、図7.2に分析フローを示す。

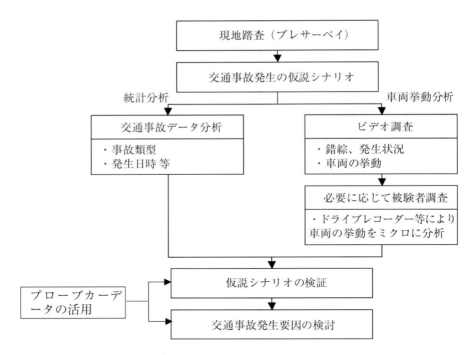

図7.1　対策を検討する地点が既知の場合の分析フロー

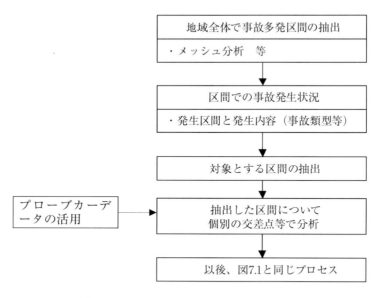

図7.2　対策を検討する地点が既知でない場合の分析フロー

7.2 交通事故データ

　警察庁において作成されている「交通事故統計データ」と道路管理者において作成されている「交通事故統合データベース」について説明する。

7.2.1 交通事故統計データ

　警察庁において作成している「交通事故統計データ」は、警察署が行う事故調査で記録・作成する「交通事故統計原票」が基になっている。

（1）記録対象事故

　◇交通事故統計原票の作成対象となる交通事故は、「道路交通法」第2条第1項第1号に規定された道路上において発生した事故で、次に挙げる事故である。
　　・車両等および列車の交通によって生じた事故で人の死亡または負傷を伴う事故
　　・高速自動車国道において発生した物損事故

　◇ここでいう"道路"には「道路法」の道路、「道路運送法」の一般自動車道・専用自動車道のほか、これらの道路ではないが一般交通の用に供されている私道、道路わきの空地、商店の店舗広場等を含んでいる。

　◇「車両等の交通によって起こされた」とは、これらの車が本来の使用目的に従って通行している場合に、これらの車が関係して発生したことを意味しており、歩行者相互の事故、列車相互の事故などは対象としていない。

　◇一般道路で発生した物損事故については、交通事故統計原票は作成されていないが、道路交通法違反の種類、自動車損害賠償保険等のための事故証明、事故防止対策等のために必要な記録はとられている。

　◇人身被害において、「死亡」とは交通事故の発生から24時間以内に死亡した場合、「重傷」とは交通事故によって負傷し、1箇月（30日）以上の治療を要する場合、「軽傷」とは同じく1箇月未満の治療を要する場合をいい、これらの判断は医師の診断等に基づいている。

　◇「国際道路交通事故データベース（IRTAD）」では、「死亡」とは交通事故の発生から30日以内に死亡した場合であり、国際比較の場合は"30日以内死者"を用いている。

（2）事故件数、当事者

　◇交通事故統計原票においては、1件の事故とは1つの事故誘発行為に起因して、時間的、場所的に近接し、かつ連続性があり、相互に関連して発生した場合を包括して定義している。1台の車両（原付、自転車を含む）が他の1台の車両、1人の歩行者、または路上工作物等に衝突しただけの事故は、明らかに1件の事故として扱われるが、多重追突のように3台以上の車両が関連する事故は、事故状況から上述の定義に基づいて1件、2件、…と判断される。

　◇当事者の定義は、事故発生に関する過失の重い運転者等（歩行者を含む）を第一当事者、軽い運転者等を第二当事者と呼び、また、過失が同程度の場合には、人身損

傷の軽い方を第一当事者、重い方を第二当事者としている。また、単独事故の場合は、常に車両の運転者を第一当事者、その相手方となった「物件」等を第二当事者とし、人身損傷を伴う同乗者については常に第三当事者以下として扱う。なお、当事者とは、運転者、歩行者を指す場合と運転者が運転している車両等を指す場合とがある。

（3）交通事故統計原票

◇上記の記録対象となる事故について、交通事故統計原票が作成される。

◇交通事故統計原票は、本票（様式第1）、事故処理区分票（同2）、補充票（同3）、高速道路追加調査項目票（同4）から成り、記入項目は全国統一されている。本票（1件1枚）は基本的事項である発生日時・場所、天候、道路種別、道路形状、事故類型などのほか、第一、第二当事者に関する項目を含み、補充票（1人1枚）は第三当事者以下の当事者があった場合に使用し、高速道路追加調査項目票（1件1枚）は高速道路に関する項目について作成する。

◇警察本部によっては、その都道府県の特殊性を加味した調査項目を追加している。

◇原票中で「道路形状」の交差点付近とは、交差点側端から30m以内の道路部分、「道路線形」の上り坂および下り坂とは、勾配が概ね±3％以上のもの、屈折とは直線道路から概ね45°以上「く」の字形に曲がっているもの、「交差点の形状」の正十字路とは概ね90°の角度で交差するものを示し、高速道路追加調査項目票の「発生地点」には地点票に示されたキロポストを示し、小数点以下は四捨五入する。

（4）交通事故統計原票の処理システム

◇交通事故統計原票は警察署で2部作成され、その1部は署内での事故防止対策のための基礎資料としてファイルされ、他の1部は警察本部に送られ電子計算機センターにて電算入力用データとしてファイルされる。このファイルされたデータは専用回線を使って警察庁の電子計算機センターにも転送される。

◇このようにして警察本部および警察庁にファイルされた交通事故データに基づいて、各都道府県および全国レベルの集計並びに統計分析が行われ、月報、年報等が作成される。

（5）交通事故統計データの利用

「交通事故統計データ」は非公開資料であるが、交通事故統計書として集計された「交通統計」（警察本部）および「交通事故統計年報」（（公財）交通事故総合分析センター）が発行されている。また、（公財）交通事故総合分析センターにおいて交通事故統計データより作成した統計表が一般に提供されている。詳しくは（公財）交通事故総合分析センターのホームページを参照されたい。

7.2.2 交通事故統合データベース

「交通事故統合データベース」は、（公財）交通事故総合分析センターにおいて一般都道府県道以上の有料道路を除く一般道路を対象として作成している交通事故データベースである。このデータベースは、道路交通センサスデータと結合可能（交通事故・道路統合データベース、図7.3参照）であること、また、デジタル道路地図上で事故発生位置を特定していることから、個別の路線、区間、地点で発生している事故についての詳細分析を行うことが可能である。なお、このデータベースは国土交通省の地方整備局および都道府県・政令指定市に配布されているので、これらの道路管理者の下で使用することになる。

交通事故データベースに格納されている主なデータ項目を以下に挙げる。

◇道路・交通に係るデータ

　道路種別、路線番号、管理区分、調査単位区間番号、区間延長、車線数、平日昼間12時間交通量、道路形状など

◇交通事故に係るデータ

　死者数・重傷者数・軽傷者数、発生年月日、昼夜の区分、当事者種別（5区分）、事故類型、行動類型など

◇事故発生位置に係るデータ

　事故発生地点のキロ程、道路中心線からのオフセット方向・量、事故の道路上の位置、交差点種別・交差点中心のキロ程など

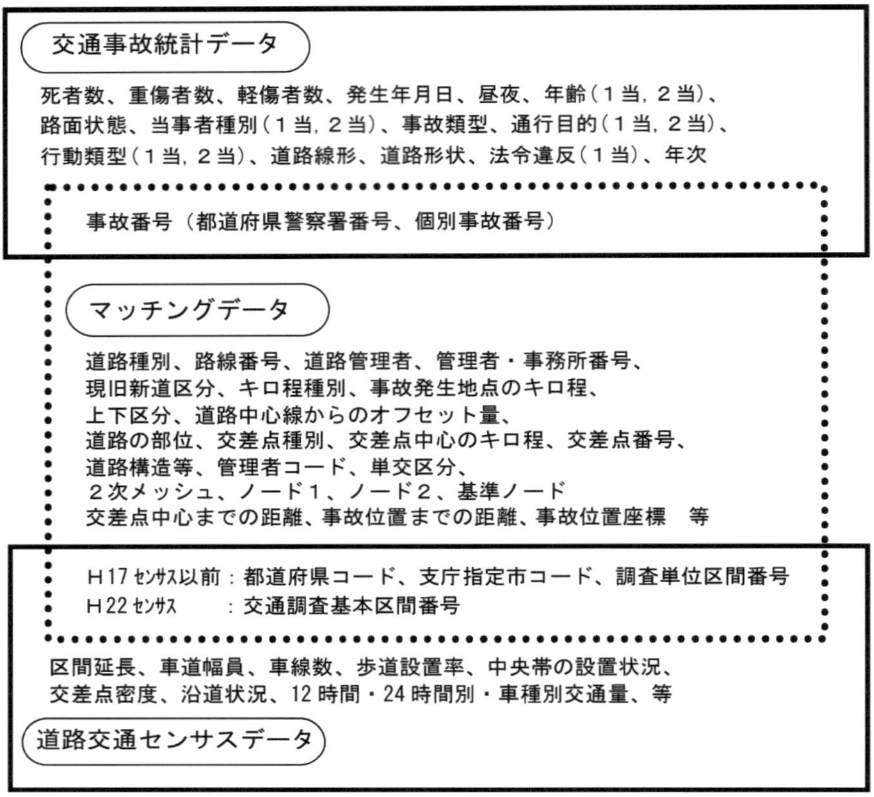

```
┌─────────────────────────────────────────────────────────────┐
│  ╭──────────────────────╮                                     │
│  │  交通事故統計データ   │                                     │
│  ╰──────────────────────╯                                     │
│   死者数、重傷者数、軽傷者数、発生年月日、昼夜、年齢（1当, 2当）、│
│   路面状態、当事者種別（1当, 2当）、事故類型、通行目的（1当, 2当）、│
│   行動類型（1当, 2当）、道路線形、道路形状、法令違反（1当）、年次  │
│  ┌───────────────────────────────────────────────────────┐    │
│  ┆   事故番号（都道府県警察署番号、個別事故番号）         ┆    │
│  └───────────────────────────────────────────────────────┘    │
│  ╭──────────────────────╮                                     │
│  │  マッチングデータ     │                                     │
│  ╰──────────────────────╯                                     │
│    道路種別、路線番号、道路管理者、管理者・事務所番号、          │
│    現旧新道区分、キロ程種別、事故発生地点のキロ程、              │
│    上下区分、道路中心線からのオフセット量、                     │
│    道路の部位、交差点種別、交差点中心のキロ程、交差点番号、      │
│    道路構造等、管理者コード、単交区分、                          │
│    2次メッシュ、ノード1、ノード2、基準ノード                    │
│    交差点中心までの距離、事故位置までの距離、事故位置座標  等   │
│  ┌───────────────────────────────────────────────────────┐    │
│  ┆  H17センサス以前：都道府県コード、支庁指定市コード、調査単位区間番号 ┆ │
│  ┆  H22センサス　　：交通調査基本区間番号                 ┆    │
│  └───────────────────────────────────────────────────────┘    │
│    区間延長、車道幅員、車線数、歩道設置率、中央帯の設置状況、    │
│    交差点密度、沿道状況、12時間・24時間別・車種別交通量、等      │
│  ╭──────────────────────╮                                     │
│  │  道路交通センサスデータ │                                   │
│  ╰──────────────────────╯                                     │
└─────────────────────────────────────────────────────────────┘
```

　（公財）交通事故総合分析センターでは、警察庁から提供される交通事故のデータ（交通事故統計データ）と国土交通省から提供される道路のデータ（道路交通センサスデータ）を、国土交通省から提供されるマッチングデータ(*1)により結びつけ、「交通事故・道路統合データベース」を作成している。

（*1）マッチングデータ
　　交通事故データと道路データを結び付けるためのデータ。事故位置確認データ、道路地図の修正情報及び道路管理者がイタルダ道路地図に入力するその他のデータを合わせたもの。

出典：公益財団法人交通事故総合分析センター

図7.3　交通事故・道路統合データベースの構造

7.3　交通事故分析データの整理

　交通事故分析では、地点の道路現況・交通現況や事故発生状況の把握・分析により事故発生要因を分析する。

　当該地点の道路現況、交通現況は、表7.1(1)に示す事項等について、道路交通センサスデータや現地調査を基に道路構造、交通状況に関する情報を把握・整理する。また、現地の交通安全施設の設置状況を平面図に整理する。さらに、現地の交通状況を観察し、交通安全上の問題点を把握・整理する。

　一方、交通事故統合データベースなどを用いて当該地点における近年の事故発生状況を事故類型など表7.1(2)に示す事項等について把握・整理する。また、直近３箇年程度に発生した交通事故を対象として図7.4に示すような事故発生状況図を作成する。

表7.1(1)　調査事項（現地状況）

調査項目		調査事項	資料等
1. 基本データ	位置情報	路線名、キロ程、センサス調査単位区間番号、道路形状など	道路交通センサス
	区間特性	信号機の有無など道路特性、箇所延長	道路台帳付図など
	管理者情報	道路管理者、所轄警察署	
2. 箇所概要	道路構造の概要	交差点形状、車線数、中央帯の有無、平面線形、縦断勾配、種級区分など	道路台帳など
	交通環境の概要	道路交通センサス情報（交通量、昼夜率、混雑度、混雑時平均旅行速度など）	道路交通センサス
	沿道状況	沿道状況、土地利用区分、車両で入口の多少、バス停の有無、視距の影響など	道路交通センサス、土地利用図、現地調査
	交通規制状況	規制速度、通行方向規制、バスレーン設置など	現地調査
	信号状況	信号機の有無、信号機の現示数、専用現示の有無など	現地調査
3. 実施済対策	対策工	対策名、数量	現地調査

表7.1(2)　調査事項（事故発生状況）

調査項目		調査事項	資料等
事故発生状況	合計事故件数	死傷事故件数、うち歩行者事故等特徴的な事故	事故統合データベース
		死亡事故件数、うち歩行者事故等特徴的な事故	事故統合データベース
	死傷者数	死傷事故件数、うち歩行者事故等特徴的な事故	事故統合データベース
		死亡事故件数、うち歩行者事故等特徴的な事故	事故統合データベース
	類型別件数	人対車両、車両相互、車両単独	事故統合データベース
	路面状態別件数	乾燥、湿潤、積雪、凍結	事故統合データベース
	：	：	：

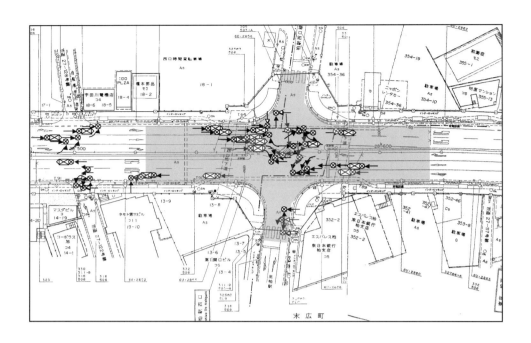

図7.4 事故発生状況図

7.4 その他データの活用事例

ICT技術を活用して計測したデータやプローブカーデータ等の各種交通データが入手可能となってきており、事故分析の現場においても多く活用されてきている。ここでは、それら活用事例を紹介する。

7.4.1 プローブカーデータの活用

一般的なヒヤリハットマップは、「交通事故多発箇所」等を図示したものが多いが、プローブカーデータを活用して、急ブレーキ挙動や急ハンドル挙動の多発箇所を抽出し、ヒヤリハット箇所（潜在的な事故危険箇所）の抽出に活用することができる。

さらに、急ブレーキ挙動や急ハンドル挙動の多発箇所のその特性や道路構造との関係性を分析すると共に、交通事故が発生した箇所と重ねることで、交通安全対策に繋げるような活用方法がある。

また、交通安全対策前と対策後で急ブレーキや急ハンドルの挙動発生状況を比較・分析することにより、対策効果の検証に活用することができる。

なお、急ブレーキは一般的に「減速度0.3G以上」と定義されていることが多く、急ブレーキ挙動及び急ハンドル挙動を抽出するにあたっては、加速度そのものを毎秒取得できるタイプのデータが必要となる。

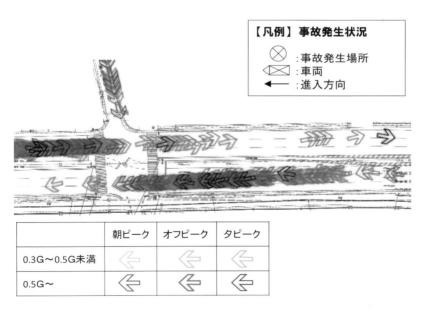

図7.5　急ブレーキ発生状況図（例）

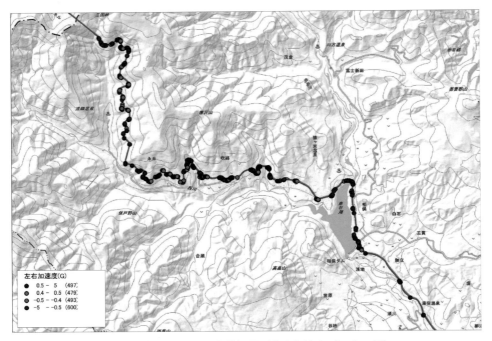

図7.6　急ハンドル発生状況図（左右加速度データの例）

7.4.2　アイトラッキング

交通事故対策を実施したにも係らず、対策効果が十分に見られない箇所が存在するなど、従来の事故要因の推定及び対策の立案手法は、多様な現場条件の全てに適用が可能であるとは言い難い面がある。

また、交通事故統計データによると、これら交通事故全体の中で、認知ミス・判断ミス・操作ミスといった運転手のヒューマンエラーに起因する事故が9割以上を占めていると言われている。

そこで、運転中の認知ミスや判断ミスといったヒューマンエラーに着目した事故要因分析手法として、運転手の注視状況が計測可能な機器を装着した被験者が速度や加速度等の車両挙動データを計測可能な実験車両を用いて実際の現場を走行するアイトラッキング（視線調査）実験がある。

運転中の注視状況を確認すると

図7.7　アイトラッキング実験（車内）
（協力：トビー・テクノロジー㈱）

図7.8　アイトラッキング実験（運転手視線）
（協力：トビー・テクノロジー㈱）

ともに、車外及び車内に設置された複数のビデオカメラにより撮影を行う。ビデオカメラ画像から、運転手からの視界、運転手が周囲を確認するための首振り動作や表情、アクセルやブレーキの操作状況、周辺の交通状況を把握する。

走行後に、走行時の状況をビデオ画像(前方の視界)で確認しながら、インタビュー調査を実施する。インタビュー調査票は、各調査箇所での調査内容を踏まえ作成され、内容は主に「設置された標識に気がついたか」「交差点の存在をどの位置で認識したか」といった走行中の安全施設の認知状況、及び「横断歩行者や横断自転車を想定していたか」「注意すべき対象のすべてに十分注意ができたか」といった運転中の周囲への注意状況についての質問である。

このように、走行実験による事故要因分析手法は、運転者の注意状況や認知状況といった面に着目することで、不注意や認知ミスといったヒューマンエラーを検知し、そのヒューマンエラーを誘発している道路環境を明らかにすることを目的としている。

7.4.3　ドライビングシミュレータ

　事故対策の立案においては、「運転者の視点に立った対策」を立案することが重要な要素となるため、擬似的に走行しながら対策効果を体験できるドライビングシミュレータが活用されることがある。

　ドライビングシミュレータとは、模擬運転台の前方にディスプレイを設置し、刻々と変化する道路状況を映し出す装置であり、運転者の視点における検証が実現可能となるシステムで、自動車教習所での講習にも用いられている。

　調査方法については、まず、現況を再現したコースを走行した後、対策案を反映させたコースを複数回走行してもらう。走行するコースの対策案は回を増す毎に対策内容を徐々に増やし、それぞれのコースで走行データを取得し、速度、走行軌跡等の走行性をデータにて把握する。調査後はどのコースが走りやすかったか等、データでは認識できない視認性についてアンケートを実施し、最も効果的な対策は何か等の検討を行う。

　なお、被験者については、多様なドライバー意見を把握するため、年代、性別、運転技術等に偏りがないように留意する必要がある。

　適用事例としては、路面表示、曲線区間を走行する際のドライバー視距改善、標識等の設置効果、交差点改良時の挙動の変化等がある。

図7.9　ドライビングシミュレータ（実験状況）
（写真提供：秋田大学　浜岡秀勝教授）

第8章　経路調査

　道路の利用車両の経路や通過交通（特定地域、道路を通過）の調査には、ナンバープレート照合による方法や対象車両の追跡および路側や道の駅などのサービスエリアにおけるアンケート用紙配布・回収やヒアリングによることが多い。近年ではプローブ（もしくは、プローブカー）データ解析による方法も多く活用されている。また、ナンバープレート照合のためのナンバープレートの読み取りには、目視による読み取りによる方法と撮影画像の処理による方法がある。

8.1　ナンバープレート照合法（目視）

　この方法は、複数の地点を設定し各箇所を通過する車両のナンバープレートを読み取り記録し、そのナンバープレートを相互に照合して同一車両を判別し、途中経路を推定するものである。また、同時に複数地点間の所要時間を算出し、走行時間を計測できる。対象車両は基本的には全数調査である。

8.1.1　調査方法
（1）調査項目
　1）通過車両のデータ項目
　　ナンバープレート（図8.1）から、通常は車種の分類番号、かな文字、登録番号（4桁）の3種類の項目を読み取り記録することが多い。通過時刻は、30秒または1分単位で記録する程度で十分なことが多い。地点間距離の大小によって決めればよい。

図8.1　ナンバープレートの構成（中国運輸局HPより）

２）交通量

地点間通過率、サンプル率（拡大率）算出のために交通量調査（車種別）を行う。

（２）記録

車両のナンバープレート情報の記録には次の方法がある。なお、実査後の時間が限られている場合には、１）の方法で実施し、２）、３）の方法は補助（確認用）として用いるのがよい。

１）野帳への記入

調査断面において交通量が少ない場合に野帳に記入する方法（図8.2）であり、調査結果を即時にデータとして取り扱える。１車線２名の組み合わせで実施し、１名が車両の情報を読み上げ、１名が記録用紙に記録する。交通量が少ない場合には、２車線を１組で対応可能かどうか事前調査により判断する。

２）音声レコーダーへの録音

交通量が多い場合や、車群が形成されやすい場合に有効であり、ビデオ録画を併用する場合も多い。録音機器に情報を吹き込み、時々、時刻を吹き込んでおけば、その音声記録を基に室内で記録を作成でき、現場での調査員を削減できる。ただし、調査後のデータ化に時間を要する。

３）ビデオカメラでの録画

音声レコーダーへの録音の手法と同様に交通量が多い場合や、車群が形成されやすい場合に有効である。読み取り用の調査員が不要であることから現場での調査員を削減できる。ナンバープレートが読み取れるようなビデオ画角の設定が必要となり、調査前にビデオ録画し、読み取りができるかを十分確認することが重要である。特に多車線の調査の場合は歩道橋から撮影する等、車両の重なりに配慮する必要がある。夜間はビデオ撮影してもナンバープレートが十分見えない場合があり、調査時間についても留意が必要である。また、調査後のビデオ読み取りが必要となり、データ化に時間を要する。

8.1.2　調査地点

経路調査では調査地点の選定は重要である。事前調査により、利用可能な経路を想定し、経路の両端および必要に応じ途中地点をチェックポイントとして設定する。対象地域に出入り可能な道路を可能な限り多く把握するのが理想的であるが、ヒアリングなどによる事前調査から経路として主要な道路を選定して行うことが現実的である。

特定道路を対象にした調査では、区間をいくつかに分割してその区間毎の通過交通を把握すると有用な情報が得られることが多い。

8.1.3　計測位置、場所の選定

走行する車両のナンバープレートを正確に読み取るためには、対象地点の現地調査を実施し、安全でかつ車両のナンバープレートが見やすい場所を確保する。以下の点に留意し、事前調査をして調査員配置の場所を選定する。

◇走行速度が低くなる交差点付近で、停止車両の陰になりナンバープレートの読み取り

不可が発生しにくい位置が良い。
◇ナンバープレートの読み上げ、あるいは吹き込みの声が聞き取りにくくならない箇所が良い。
◇多車線道路の場合は、車両同士が重なって隣接車線を走行する車両のナンバープレートが読み取れないことが多くなるので、歩道橋や跨道橋など高所の計測箇所が良い。
◇暗くなり読み取りにくくなる調査時期、時間帯には照明施設を設置できる箇所が良い。
◇調査地点の交通状況（交通量、車群状況）から、調査方法と人員配置を決定する。いずれの調査方法の場合にも、交代要員を含めた体制で実施する必要がある。

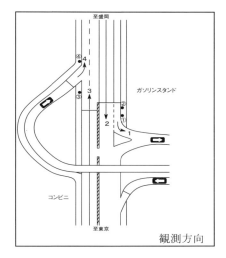

図8.2　ナンバープレート調査票の例

8.1.4　調査の実施

調査は以下の点に留意して実施する。
◇車両のナンバープレート情報の他に、通過時刻を記録する。調査員全員の時計の時刻を秒まで合わせる。
◇ナンバープレート情報の読み取り項目は、車種の分類番号（車頭番号1桁）、登録番号（4桁）とする場合が多い。ただし、調査で求められる車両の判定精度により、読み取り項目は増減する。
◇読み取り項目が多いと調査員の計測ミスや読み取れない車両が発生することになり、結果として、全体の調査精度が下がることになる。
◇通過全車の読み取りが困難な場合、車種ごとのサンプリングによる方法も検討する。この場合、サンプルとして捕捉する車両ナンバーを偶数・奇数あるいは特定数値のものなどと決めておく。
◇事故、渋滞、路上駐車車両など、特異な交通状況を計測して記録しておく。
◇データ解析時に除外車両の判断などのデータチェックに利用するため、試験走行車により各地点間の所要時間を30分あるいは1時間程度ごとに計測する。

8.1.5　調査精度と拡大

　　ナンバープレート調査を目視によって行う場合、読み取りミスや読み取り不能などによる読み取り精度および読み取り捕捉率を考慮したマッチングデータの拡大が必要である。この精度と捕捉率は「8.2　ナンバープレート照合法（画像処理）」で述べる方法に比べるとかなり低い。

　　ナンバープレート調査を目視によって行う場合の計測精度は、2車線道路片側1車線の走行車両のナンバープレートを読み取る場合、約80％程度である（ただし、交通量の多寡、読み取り項目数により異なる）。

　　また、多車線道路の場合には、更に加えて路側からの読み取りでは車両の重なりによる読み取り不能も発生する。これらの事象は「流入断面」、「流出断面」の双方で発生するため、双方の精度を乗じたものが読み取り照合率となる。

　　このことから、2車線道路が対象の場合には、2地点間マッチングの場合で65％程度、3地点間では50％程度の照合率となる。よって、実用的には3地点間マッチングが限度である。

　　実際の交通量に対比（換算）するためには、この捕捉率を用いて拡大する。この精度は調査箇所や道路、交通状況に大きく影響されるので、事前調査で確認しておく必要がある。事前調査は、車両の出入りのない区間に調査員を配置して同じ交通流を計測し、両者の読み取りデータを比べることにより解析できる。

　　なお、現場で通過車両を見通せる場所からビデオ撮影し、その画像を室内にて読み取り記録する方法もあるが、目視で読み取るには鮮明な画像が必要である。

8.1.6　集計・解析

（1）同一車両の判別

　　各地点で収集したデータをマッチングして同一車両を判別、照合する場合、目視調査ではナンバープレートの全項目を読み取ることはないので、読み取り項目をもとに判別することになる。また、読み取り情報にミスが含まれていることもある。このため、すべて合致している場合でも、別の車両である場合もある。また、同一車両でありながら読み取りミスによって別車両と誤判別される場合もある。

　　これらのことから「同一車両」の判別は以下の方法で行い、解析データに加える。

　　◇ナンバープレートの内容が合致している場合は、地点間所要時間が想定時間内か否かチェックする。

　　◇所要時間が想定範囲に入っており、ナンバープレート情報のうち「文字、数値」が一部異なっているものについては、同一車両である可能性もある。その車両を抽出して採用の可否を判別する。

　　これらにより判別した上で、以下のような手順で集計、解析を進める。

1）野帳記録の場合

　　◇野帳に記入されたナンバープレート情報および通過時刻を電子データ化する。

　　◇旅行速度を算出する2地点間のナンバープレートデータをマッチングし、所要時間

を算出する。

◇所要時間を算出する際は、2地点間の所要時間の範囲を設定しておき、車両の誤マッチングを防止する。

◇所要時間差の設定は、別途実施している試験走行車のデータを用いる。試験走行車による計測を実施していない場合には、渋滞時に調査地点を通過できる時間の1.5倍程度と設定すれば良い。

◇地点間の距離とマッチング結果から所要時間と旅行速度を算出する（表8.1）。

2）音声レコーダー記録の場合

◇録音された記録から、ナンバープレート情報および通過時刻をデータ化する。データを直接パソコンに表形式で入力しておくと便利である。

◇これ以降は、「1）野帳記録の場合」と同様である。

3）ビデオ録画の場合

◇録画されたビデオ画像から、ナンバープレート情報および通過時刻をデータ化する。データを直接パソコンに表形式で入力しておくと便利である。

◇これ以降は、「1）野帳記録の場合」と同様である。

第8章

表8.1　集計表

車両No.	A地点通過時刻	B地点通過時刻	所要時間C=B-A（秒）	距離D（m）	旅行速度 E=D/C（m/s） F=E*60*60/1000（km/h）
1					
2					
3					

（2）分析・表示

以上のプロセスを経て採用されたデータについて以下のような整理、分析を行う。

◇地点間の交通量、通過交通量（車種、時間帯）

◇地点間走行所要時間

◇経路交通量（車種、時間帯）：2地点間、多地点間経由（図8.3）

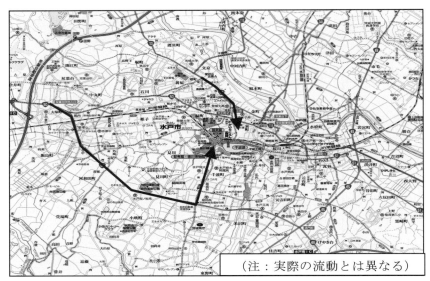

図8.3　経路交通量図

8.2　ナンバープレート照合法（画像処理）

8.2.1　調査方法

通過車両のナンバープレートを画像解析し、複数地点で計測された番号を照合することにより地点間の通過を確認する方法である。最近はカメラ、解析ソフト、コンピュータの高性能化、低廉化が進んだこと、画像解析の精度と解析所要時間の面の性能が飛躍的に向上したことにより実用的な手法となってきている。また、現場でリアルタイムな調査も可能である（図8.4）。

カメラ自体の取り付けは、カメラは軽量なものが多く、歩道橋（高欄、桁下面）、情報

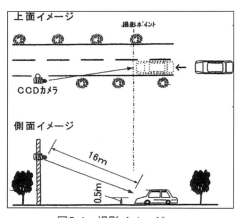

図8.4　撮影イメージ

板門型柱、道路案内標識のF型柱、電柱、照明柱等の構造物に取り付けが可能である（図8.5）。計測、解析システム（商品）によって多少の差はあるが、この方法には以下のような特徴がある。

　　◇高速走行の車両も捕捉可能：100km/h以上
　　◇ナンバープレートのほぼ全情報を読み取れる（図8.1参照）
　　◇読み取り捕捉率、認識精度が高い：各々80％以上と言われている
　　◇夜間、多少の悪天候でも計測：赤外LED照明が必要
　　◇連続長時間計測が可能：24時間以上も可能（電源、記録メディアの容量次第）
　　なお、利用上、以下の点に留意する必要がある。

8.2.1 調査方法

◇カメラは車線ごとに必要：1台当たりの捕捉範囲は3m程度
◇カメラの設置位置、角度：捕捉率、解析精度の低下
◇構造物への設置：構造物に取り付ける場合は、道路管理者、交通管理者への申請のほか、構造計算を求められる場合がある。
◇太陽光、路面の照り返し光：撮影画面が不鮮明になりやすい
◇捕捉車両は限定：一般車以外の車両（自衛隊、駐留軍、外交官など）の不可（ソフトの追加により可能となる場合あり）
◇プライバシー保護：ナンバープレート以外に運転者、同乗者が撮影されることがある

このシステムを用いる場合には、これらの点を検討するために事前に現場にて予備調査を行うことは不可欠である。これらシステムは既に開発され利用されているので、詳細はインターネットWEB上にて「車両番号認識装置」、「ナンバープレート認識装置」などの用語で検索して知ることができる。

なお、最近研究されている撮影画像処理技術を巻末の「参考資料Ⅰ」に紹介する。

図8.5 車番認識装置システムの設置状態

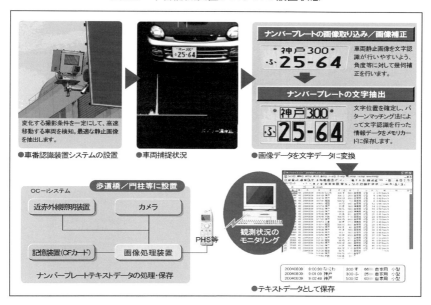

図8.6 車番認識画面表示例（㈱エイテック提供）

8.2.2　解析方法

　デジタル化された車両のナンバープレート情報をもとに、車両の通過マッチングを行う。これ以降のデータ整理、分析は８.１に述べた「目視」と同様である。目視調査に比べ誤判別の率は低いが、その可能性はあるのでマッチングチェックも行う。

8.3　　路側アンケート法

　この方法は路側あるいは駐車施設、SA・PA等で停車、駐車している利用者に対して直接アンケートし、その利用経路を調査する。現場で直接ヒアリングする方法と後日郵送により返送してもらう方法がある。

　アンケートによる方法では、直前の利用経路、運転者属性その他を道路地図に経路を直接記入してもらい回収する。ナンバープレート調査に比べ、利用者の特性を知ることができるため多面的な分析が可能である。一方、調査データ数が限られたものになることと、調査の負担が大きくなることが多い。所要時間を尋ねることもあるが、通過地点での時刻について不確かなことが多いので参考程度にすべきものである。

8.3.1　調査項目

　調査項目としては、以下に示す内容があげられる。図8.7に直接ヒアリングの場合を例として調査用紙を示すが、調査時刻、利用者属性などは調査員が別紙に記入する。
　・利用者に関する属性：車種、性別、年齢、同乗人数、住所
　・トリップに関する属性：利用目的、OD、利用経路の選択理由
　・利用経路：道路地図に調査員または利用者が書き込み

8.3.2　収集データ

　収集すべきデータ数は一般的な考え方はなく、調査目的によって都度決めることになるが、想定する経路ごとに数10件程度得られることが望ましい。

　ヒアリング調査の場合には、調査員一人が収集出来るデータ数は、調査対象者一人あたりに要する所要時間が調査内容や対象道路の分かり易さなどに左右される。事前に予備調査で確認しておく必要がある。

　郵送により後日回収する方法もあるが、回収率は数％程度であることが多い。

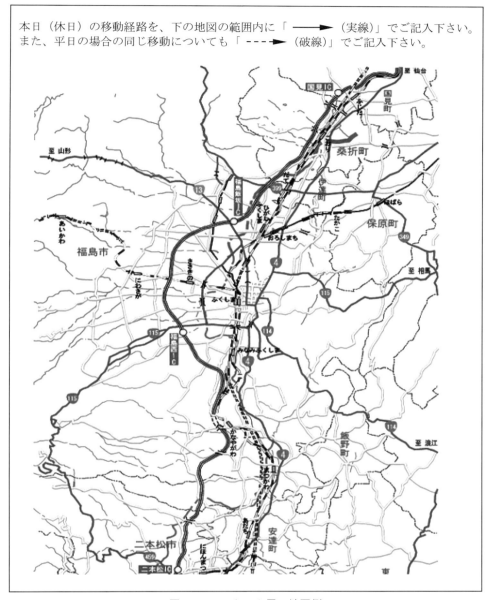

図8.7 アンケート用の地図例

8.4 プローブデータ解析による方法

　ETC2.0プローブデータや、カーメーカーやカーナビメーカー等による民間プローブデータが流通している。ナンバープレート調査等では地点間のマッチングのため、詳細な経路は分からないが、プローブデータは、車両の位置情報が記録されていることから、車両の経路を正確に把握することができる。一方、車載器を搭載した車両や携帯電話のアプリを起動中の車両に限られることから、サンプル数が少なくなることや偏りが生じる可能性もある。調査は必要ない反面、データ収集は有料となる場合が多い。また、収集するデー

タによりフォーマットが異なる場合があることや、データ量が膨大となり、解析の負担が大きくなる。

8.4.1 データ収集

プローブデータはその種類により取得可能なデータが異なるが、経路調査に最低限必要となるデータは以下のとおりであり、これらは収集可能な場合が多い。なお、プローブデータにより収集可能な情報等は日々変化しており、詳細はインターネットWEB上にて検索されたい。

◇車両の位置に関する情報：一定時間又は距離単位の緯度経度、マップマッチング後の結果の場合は通過したDRMリンク情報となっている場合もある。

◇起終点に関する情報：トリップの起点と終点の緯度経度、実際の起終点ではなく、車両のエンジンのオンオフを起終点としている場合が多い。また、プライバシー保護の関係から、実際の起終点から数百メートル前後のデータは削除されている場合が多い。

8.4.2 集計・解析

集計・解析の方法はプローブデータの種類や調査目的によって異なるが、起終点ゾーン間の経路の分析、あるリンクを通過する経路の分析、2地点間の経路の分析、生活道路の経路の分析等を行うことが多い。図8.8〜図8.10に分析事例を示す。これらの分析に関しては以下に留意する必要がある。

◇サンプル数や偏り：1か月集計する場合に数十サンプルのみだった場合、ある数台の経路を分析している場合があるため、適正な集計期間や十分なサンプル数が必要となる。

◇データのエラー：プローブデータの場合、GPSの精度等の関係で、マップマッチング結果のエラー、緯度経度が大きくずれる場合等がある。これらのデータを排除する等の措置が必要となる。

◇起終点の計測方法：前述のとおり、起終点は車両のエンジンのオンオフとしている場合もあることから、必ずしも本来の起終点となっておらず、途中の立ち寄り等も含んでいる場合がある。これらのデータの排除方法を検討することや、このような特性があることを加味して集計結果を考察することが必要となる。

◇個人情報の保護：プローブデータの場合、収集時点で個人を特定できる情報が排除されている場合が多いが、個人を特定できるような集計方法としないこと等も留意が必要である。

8.4.2 集計・解析

例：大津ICを起点とした自動車の走行経路分析

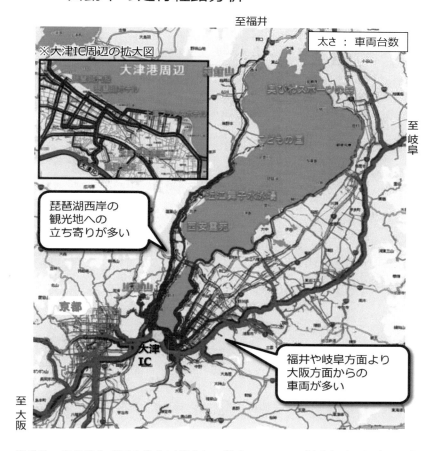

- 出発地・目的地と車両台数を可視化し、特定エリアでの周遊経路の傾向を分析した事例。利用頻度に合わせた観光ルートの見直しなど、新たなマーケティングの分析視点に活用可能。

※住友電工システムソリューション㈱の関連HP：https://traffic-probe.jp/media/

図8.8　あるリンクを通過する経路の分析例
（住友電工システムソリューション㈱提供）

- 東関東自動車道湾岸市川IC付近における東京・埼玉方面への流出ルートを外環開通前後で可視化した事例。開通前後の経路の変化等が把握できる。
  （出典：http://corporate.navitime.co.jp/topics/pr/201806/11_4476.html）

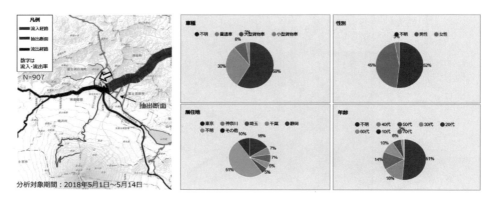

- 特定の断面（中央自動車道、富士吉田IC付近）を通過する車両の経路や属性を分析した事例。

※㈱ナビタイムジャパンの関連HP：http://consulting.navitime.biz/example/

※㈱ナビタイムジャパンは、全国の道路を対象に、経路分析や渋滞分析、走行車両の属性分布をウェブブラウザ上で集計・可視化することができる「道路プロファイラー」というシステムがある。（http://consulting.navitime.biz/roadprofiler/index.html）

図8.9　OD間の経路の分析例（㈱ナビタイムジャパン提供）

8.4.2 集計・解析

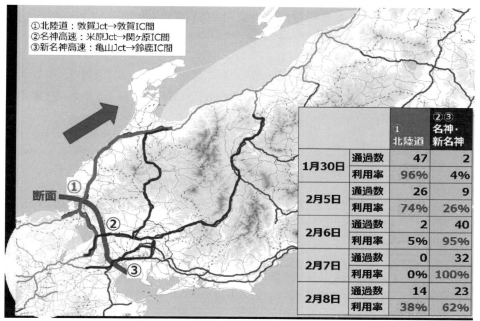

・近畿圏（大阪・京都・兵庫・滋賀）から富山・新潟へ向かう車両の走行する経路を①〜③別に通過件数と走行比率を分析した事例。1月30日(火)の平常日は96%北陸道を利用しているが、2月5日(月)の積雪時より名神・新名神側へ迂回する走行が見られ、2月7日(水)には名神・新名神の利用が100%となっていること等がわかる。

※㈱富士通交通・道路データサービス関連HP：
　http://www.fujitsu.com/jp/group/ftrd/services/commercial-vehicle/probe/

図8.10　あるリンクを通過する経路の分析例（㈱富士通交通・道路データサービス提供）

第9章　駐車調査

　駐車調査は、駐車施設の適切な供給を図り、駐車目的交通の誘導、規制方法を検討するための基本データを得る目的で行われる。駐車調査には駐車施設調査と駐車実態調査および駐車特性調査がある（**表9.1**）。

表9.1　駐車調査の種類

調査の種類	調査の内容
駐車施設調査	既存の駐車スペースの種類と配置状況を調査するもので、一般に路上駐車場と路外駐車場に区別して行う。
駐車実態調査 ・路上駐車調査 ・路外駐車調査	地域ないし路線の駐車需要、駐車スペースの利用状況、違法駐車の状況等を知るため、駐車実態を直接観測するものである。
駐車特性調査	駐車実態観測では得られない駐車需要の質的特性を把握するための調査であり、駐車場利用者に対するインタビューや調査票の配布・回収によって行う。
駐輪調査	駐輪需要を把握し、駐輪場や駐輪スペースの計画のために行う。

9.1　駐車施設調査

　既存の駐車スペースの種類と配置状況を調査するもので、路上駐車場と路外駐車場に区別する。

（1）調査方法

　調査対象範囲、調査時期や調査項目等に関して既存資料の利用が困難な場合には、調査員が実際に出向き、目視により駐車場に関する現地踏査により行う。直接、ヒアリングできる場合にはアンケート方式で実施する。

（2）調査対象駐車場区分

　対象とする駐車場は、表9.2のように区分される。

表9.2　駐車場の区分

規模状況	区画状況	駐車場用途	
		大分類	細分類
5台未満	区画あり	一戸建ての車庫	
		道路上の駐車施設	パーキングメーター
			パーキングチケット
		上記以外の全て	
	区画なし	全て	
5台以上	区画あり	営業車用の車庫	ガソリンスタンド
			バス会社、タクシー会社などの営業車の車庫
			自動車販売展示場などの展示車両用のスペース
		道路上の駐車施設	パーキングメーター
			パーキングチケット
		敷地内駐車スペース	学校、工場など
		臨時駐車場	競輪、競馬、プロ野球など
			大規模小売り店舗など
		上記以外全て	
	区画なし	空地、広場	○○駐車場と表示・掲示なし
			〃　　　　あり
		営業用の車庫	
		敷地内駐車スペース	学校、工場など
		臨時駐車場	競輪、競馬、プロ野球など
			大規模小売り店舗など
		上記以外の全て	

注1）　「区画あり」とは、駐車区画が明確に仕切られている状況を指す。

第9章

（3）調査項目

調査項目は表9.3に示すとおりであり、対象駐車場を調査員が訪問し、表9.4に示す調査票を用いて調査する。

表9.3　調査の項目

	項　　目		概　　要
静的情報	①駐車場 ID		都道府県・市区町村・町丁目コード、地区コード、駐車場種別コード及びシーケンシャルコード
	②位置座標	中心	駐車場中心位置の緯度・経度
		入口	駐車場入口位置の緯度・経度
	③名称		正式名称、かな名称及び通称
	④所在地		駐車場の所在地
	⑤収容台数		運用用途（時間貸し、月極、専用、荷捌き）別駐車可能台数
	⑥駐車場の形式		駐車場の構造・様式
	⑦車両制限		入庫可能車両サイズ、重量等の制限事項
	⑧駐車料金		単位時間当たりの駐車料金、時間帯別の上限最大料金等
	⑨営業時間・定休日		駐車場の営業時間及び定休日
	⑩提携割引等		駐車料金割引等の提携店舗名・割引条件、提携店舗までの徒歩距離、パーク＆ライド割引の有無・割引条件等
	⑪駐車場の設備状況		身障者専用スペース、バリアフリー対応及びトイレの有無等
	⑫電話番号		駐車場の電話番号
	⑬決済手段		利用可能な回数券、プリペイドカード、紙幣等
	⑭法的分類等		法的分類（都市計画、届出、附置義務）
	⑮管理情報等		管理者・情報提供者の名称・連絡先、予約可否・予約時連絡先等
動的情報	⑯満空情報等	混雑状況	駐車場の満車、空車、混雑、休止等
		空き台数	身障者専用スペースの空き台数等
		情報更新時刻	情報の更新時刻

112

表9.4 駐車調査（現地踏査）調査票の例

| 都市コード (1) | | | | | ブロック番号 (2) | | | | 調査員名 | |

| シーケンシャル番号（図面にプロットする番号）(3) | | | | | | | |

<table>
<tr><td rowspan="24">調 査 員 記 入 欄</td><td colspan="2">名　称 (4)</td><td colspan="4"></td></tr>
<tr><td colspan="2">所在地 (5)</td><td colspan="4"></td></tr>
<tr><td colspan="2">管理者 (6)　名　称</td><td></td><td>電　話</td><td>　　　一　　　一　　　</td></tr>
<tr><td colspan="6">付帯施設 (7)　【複数可】（最大５つまで、駐車場の利用が多いと想定される順に記入）</td></tr>
<tr><td colspan="3">1. 駐車場として独立</td><td colspan="3">13. 福祉厚生施設</td></tr>
<tr><td colspan="3">2. 集合住宅</td><td colspan="3">14. 医療施設</td></tr>
<tr><td colspan="3">3. 小売店、サービス施設</td><td colspan="3">15. 宗教施設</td></tr>
<tr><td colspan="3">4. 飲食店</td><td colspan="3">16. 港湾</td></tr>
<tr><td colspan="3">5. 卸売店</td><td colspan="3">17. 空港</td></tr>
<tr><td colspan="3">6. デパート、スーパーマーケット、大規模小売店舗</td><td colspan="3">18. 鉄道駅</td></tr>
<tr><td colspan="3">7. 事務所（銀行を除く）</td><td colspan="3">19. 物流ターミナル・市場</td></tr>
<tr><td colspan="3">8. 銀行</td><td colspan="3">20. その他交通運輸施設</td></tr>
<tr><td colspan="3">9. 官公庁（郵便局を含む）</td><td colspan="3">21. 倉庫</td></tr>
<tr><td colspan="3">10. 工場</td><td colspan="3">22. 娯楽施設</td></tr>
<tr><td colspan="3">11. 文化・教養施設、カルチャーセンター</td><td colspan="3">23. 宿泊施設</td></tr>
<tr><td colspan="3">12. 学校、教育施設</td><td colspan="3">24. その他</td></tr>
<tr><td colspan="6"></td></tr>
</table>

駐車場形態 (8)　【複数可】

- 様式　1.自走式　2.機械式　3.二段多段式
- 構造　1.地下式　2.平面式　3.立体式　4.プレハブ式

駐車容量 (9)

平日	休日等（平休で異なる場合記入）
	1.閉鎖　2.平日と同じ　3.開放
	（開放の場合記入）
時間貸し　　　　　　台	時間貸し　　　　　　台
□（平日定期：利用可能な場合チェック）	□（全日定期：利用可能な場合チェック）
□（全日定期：　　　〃　　　　）	
月　極　　　　　　　台	月　極　　　　　　　台
時間貸しと月極の内訳不明　　台	時間貸しと月極の内訳不明　　台
専　用　　　　　　　台	専　用　　　　　　　台
□（時間貸し利用：利用可能な場合チェック）	□（時間貸し利用：利用可能な場合チェック）
その他　　　　　　　台	その他　　　　　　　台
合　計　　　　　　　台	合　計　　　　　　　台

利用可能時間 (10)　　　時　　　分　～　　　時　　　分

駐車料金 (11)

時間制料金	最初の	分	円
	その後	分	円
夜間の料金		時～　　時	円
平日定期料金			円/月
月極・全日定期料金			円/月
駐車料金割引制度の有無	1.有り　　2.無し		

調査不能

1. シャッターが閉まっており中が見えない。
2. 管理人などに正式な立ち入り手続きを要求された。（担当部課：　　　　　）
3. 駐車場管理者に調査を拒否された。
4. その他（具体的に：　　　　　　　　　　　　　　）

〈以下、調査員が記入する必要はありません〉

| 法的分類（該当する場合○印を記入）(13) | 都市計画駐車場 | 届出駐車場 | 附置義務駐車場 |

| Bゾーン (14) | | Cゾーン | |

用途地域名称 (15)

1. 第一種低層住居専用　　4. 第二種中高層住居専用　　7. 準住居地域）　　10. 準工業
2. 第二種低層住居専用　　5. 第一種住居　　　　　　　8. 近隣商業地域　　11. 工業
3. 第一種中高層住居専用　6. 第二種住居　　　　　　　9. 商業地域　　　　12. 工業専用　　（4.）

| 調査年月日 (16) | | 年 | 月 | 日 |

| 備考欄 | |

113

9.2 駐車実態調査

　この調査は、調査員を調査区間に配置し、調査地域内の対象道路や路外に駐車する車両を把握する方法である。この調査方法には連続計測調査と断続計測調査がある。なお、調査員の判断を統一するために、駐車と停車の定義は次のとおりとする場合が多い。

　　・貨物の積み下ろしのための停止は、時間の長短にかかわりなく駐車とする。

　　・郵便物の集荷のための停止は、駐車とする。

　　・救急車、消防車などの停止は、駐車とする。

　　・ゴミ収集車の停止は、駐車とみなさない

　　・同乗者やタクシーの客の乗降のための停止は、駐車とみなさない。

（1）プレート式連続計測による路上駐車調査

　計測区間内の駐車車両の車種、駐車位置および駐車時間を調査票に記入する方法で行う。調査対象区間における駐車状況を調査員が常駐し、駐車開始・終了時刻、駐車位置、駐車目的（必要に応じドライバーに駐車目的を聞き取り）、駐車車両の車種等を確認する。表9.5に調査票の例を示す。

表9.5　調査票の例（連続計測）

駐車実態調査　調査表　　　　　　　　　　　　　　　　調査区間；＿＿＿＿＿＿

平成　　年　　月　　日（　）　　品川　500　　　　　調査員氏名；＿＿＿＿＿＿
　　　　　　　　　　　　　　　　す→10－21

No	営業用or自家用	車種分類	車頭番号	ナンバープレート 4桁				駐停車開始時刻		駐車目的	駐停車終了時刻	
								時	分		時	分
1	営・自	乗用・貨客・小貨・大貨・バス						時	分		時	分
2	営・自	乗用・貨客・小貨・大貨・バス						時	分		時	分
3	営・自	乗用・貨客・小貨・大貨・バス						時	分		時	分
4	営・自	乗用・貨客・小貨・大貨・バス						時	分		時	分
5	営・自	乗用・貨客・小貨・大貨・バス						時	分		時	分
6	営・自	乗用・貨客・小貨・大貨・バス						時	分		時	分
7	営・自	乗用・貨客・小貨・大貨・バス						時	分		時	分
25	営・自	乗用・貨客・小貨・大貨・バス						時	分		時	分

※駐停車開始時刻及び駐停車終了時刻は24時間制で記入すること（例；午後1時　→　13時）
※駐車目的：1.業務　2.荷物の積卸　3.買物・食事　4.休憩・待機　5.その他

（２）プレート式断続計測による路上駐車調査

連続計測調査と異なり、調査員は常駐しないで一定時間ごと（10分、15分、30分間等）に各街区または計測区間を巡回して計測を行う。連続計測に比べて調査範囲を広くすることができる反面、駐車時間等の精度は巡回の頻度で変化するため、調査計画で充分な事前検討が必要である。表9.6に調査票の例を示す。

表9.6　調査票の例（断続計測）

調査箇所			調査員氏名																										平成　年　月　日（　曜日）天気								
車種	業種	番号または記号	10時						11時						12時						13時						14時						15時						
			0	10	20	30	40	50	0	10	20	30	40	50	0	10	20	30	40	50	0	10	20	30	40	50	0	10	20	30	40	50	0	10	20	30	40	50	0
8	○	156	○	○	○																																	
1		123	○	○																																		
4		690	○																																				
8		315		○	○	○	○	○	○	○																												
3		189		○	○	○	○	○	○	○	○	○	○	○																									
5		876				○	○	○	○	○																													
5	○	156				○	○																																
6		254				○	○																																
4		185				○	○																																
6		184					○	○	○	○	○	○	○	○	○	○																							
2	○	181							○	○	○	○	○																										
		505							○	○	○	○	○	○	○	○	○																						

（３）駐車台数調査

駐車時間を調査せずに、駐車台数のみを計測すればよい場合、一定時間毎（１時間、朝・昼・夕等）に各街区または計測区間を巡回して駐車台数を計測する。また、ビデオカメラを搭載した車両で調査区間を走行しながら撮影し、再生映像から駐車台数を読み取ることで広域の調査を効率的に行うことも可能である。表9.7に調査票の例（20分毎）を示す。

第9章

表9.7　調査票の例（駐車台数調査）

駐車台数調査結果集計表

調査日：平成　　年　　月　　日（　）
時間帯：
天　候：
地　点：

調査地点案内図貼付

路線名　　　　　　　　　　単位：台

駐車開始時刻	区間A							区間B						
	大型貨物車	バス	小型貨物車	小型乗用車	大型車合計	小型車合計	自動車合計	大型貨物車	バス	小型貨物車	小型乗用車	大型車合計	小型車合計	自動車合計
7:00	0	0	0	0	0	0	0	0	0	0	0	0	0	0
7:20	0	0	0	0	0	0	0	0	0	0	0	0	0	0
7:40	0	0	0	0	0	0	0	0	0	1	0	0	1	1
8:00	0	0	0	0	0	0	0	1	0	1	2	1	3	4
8:20	0	0	0	0	0	0	0	0	0	1	0	0	1	1
8:40	0	0	0	0	0	0	0	0	0	0	0	0	0	0
9:00	0	0	0	0	0	0	0	0	0	0	0	0	0	0
9:20	0	0	0	1	0	1	1	0	0	3	1	0	4	4
9:40	0	0	0	0	0	0	0	0	0	1	2	0	3	3
10:00	0	0	0	0	0	0	0	1	0	1	2	1	3	4
10:20	0	0	0	0	0	0	0	2	0	1	1	2	2	4
10:40	0	0	0	0	0	0	0	0	0	3	0	0	3	3
11:00	0	0	0	0	0	0	0	0	0	1	1	0	2	2
11:20	0	0	0	0	0	0	0	0	0	0	1	0	1	1
11:40	0	0	0	0	0	0	0	0	0	2	1	0	3	3
12:00	1	0	0	0	1	0	1	0	0	2	2	0	4	4
12:20	0	0	0	0	0	0	0	0	0	0	2	0	2	2
12:40	0	0	0	0	0	0	0	0	0	1	0	0	1	1
13:00	0	0	0	0	0	0	0	0	0	1	0	0	1	1
13:20	0	0	0	0	0	0	0	0	0	0	0	0	0	0
13:40	0	0	0	0	0	0	0	0	0	1	1	0	2	2
14:00	0	0	0	0	0	0	0	0	0	1	2	0	3	3
14:20	0	0	0	0	0	0	0	0	0	0	3	0	3	3
14:40	0	0	0	0	0	0	0	0	0	0	2	0	2	2
15:00	0	0	0	1	0	1	1	0	0	0	1	0	1	1
15:20	0	0	0	1	0	1	1	0	0	0	0	0	0	0
15:40	0	0	0	0	0	0	0	0	0	0	0	0	0	0
16:00	0	0	0	0	0	0	0	0	0	1	2	0	3	3
16:20	0	0	0	0	0	0	0	0	0	3	1	0	4	4
16:40	0	0	0	0	0	0	0	0	0	2	3	0	5	5
17:00	0	0	0	0	0	0	0	0	0	2	0	0	2	2
17:20	0	0	0	0	0	0	0	0	0	1	0	0	1	1
17:40	0	0	0	0	0	0	0	0	0	1	0	0	1	1
18:00	0	0	0	0	0	0	0	0	0	1	1	0	2	2
18:20	0	0	0	0	0	0	0	1	0	1	0	0	1	2
18:40	0	0	0	0	0	0	0	1	0	2	0	1	2	3
19:00	0	0	0	0	0	0	0	0	0	2	0	0	2	2
19:20	0	0	0	0	0	0	0	0	0	2	0	0	2	2
19:40	0	0	0	0	0	0	0	0	0	2	0	0	2	2
合計	1	0	0	3	1	3	4	6	0	41	31	6	72	78

↓1時間毎の最大駐車台数

	区間A							区間B						
7:00	0	0	0	0	0	0	0	0	0	1	0	0	1	1
8:00	0	0	0	0	0	0	0	1	0	1	2	1	3	4
9:00	0	0	0	1	0	1	1	0	0	3	2	0	4	4
10:00	0	0	0	0	0	0	0	2	0	3	2	2	3	4
11:00	0	0	0	0	0	0	0	0	0	2	1	0	3	3
12:00	1	0	0	0	1	0	1	0	0	2	2	0	4	4
13:00	0	0	0	0	0	0	0	0	0	1	1	0	2	2
14:00	0	0	0	0	0	0	0	0	0	1	3	0	3	3
15:00	0	0	0	1	0	1	1	0	0	0	1	0	1	1
16:00	0	0	0	0	0	0	0	0	0	3	3	0	5	5
17:00	0	0	0	0	0	0	0	0	0	2	0	0	2	2
18:00	0	0	0	0	0	0	0	1	0	2	1	1	2	3
19:00	0	0	0	0	0	0	0	0	0	2	0	0	2	2
合計	1	0	0	1	1	1	1	2	0	3	3	2	5	5

（4）**集計項目**

調査時の調査票、野帳から駐車状況の集計・解析を行う。集計項目は以下のとおりであり、必要な項目を事前に選択し作図を行う（図9.1～9.2）。

・車種別・区間別駐車台数
・車種別駐車位置
・駐車密度
・駐車時間（回転率）

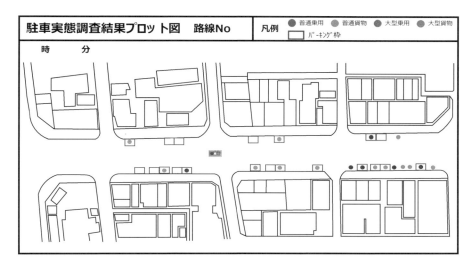

注）車種は記号あるいは色で区別する

図9.1　駐車位置図の例

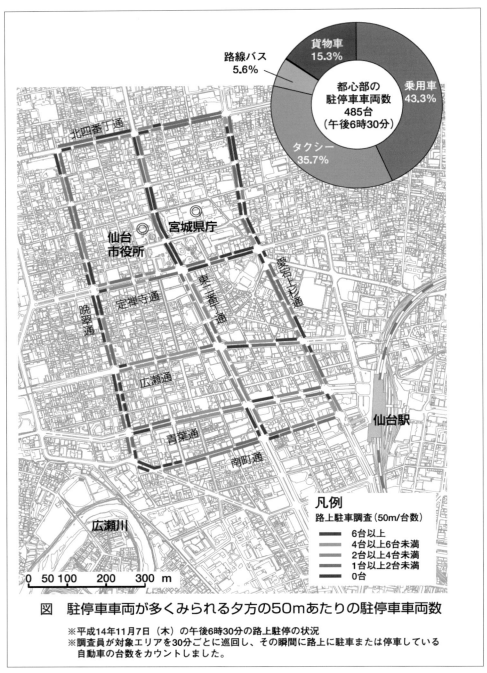

図9.2 駐車台数の集計例
(http://www.pref.miyagi.jp/uploaded/attachment/44710.pdf)

9.3 駐車特性調査

駐車実態調査では得られない駐車需要の質的特性を把握するために、駐車場利用者に対するインタビューやアンケート調査票の配布・回収によって行う。なお、質問事項としては、以下のような項目がある。

・駐車目的
　　買い物、レジャー、通勤、通学、訪問、業務、通院等
・駐車場から目的地までの歩行距離（時間）
・駐車時刻
・駐車頻度
・駐車時間
・駐車車両の出発地、目的地
・駐車規制、駐車料金、駐車政策などに対する意識、意見

9.4 駐輪調査

駐輪調査の方法は、自動車の駐車実態調査に準ずるが、大きく異なるのは駐輪台数が非常に多く、個々の駐輪位置を特定することが難しいことである。このため駐輪台数については、平面図上に一群の自転車駐車エリアと駐輪台数を記入して行うのが現実的である。また、自転車には放置あるいは投棄が含まれる。放置と投棄自転車は区別しにくいが、一般には駐輪場など許可された以外の場所に駐輪された自転車や不法投棄や盗難車の乗り捨てされている自転車のことを指す。

一般の駐輪自転車と区別する必要があるが、一見して判別は難しいため、一定期間同じ場所に駐輪しているか否かで判別する方法が考えられる。その方法には、テープ貼り付けによる所有者へ連絡や夜間など閑散時の調査による方法等がある。

個別自転車を対象とした駐輪特性調査では、「9.3　駐車特性調査」と同様な項目に着目して行う。

第9章

第10章　調査実施にあたっての留意事項

　交通調査の実施にあたっては、種々の場面でトラブルが発生する可能性がある。

　本章では、調査準備段階、調査実施段階に生じやすいトラブルの事例を紹介するとともに、それらのトラブルに対する留意事項や対処方法について整理を行っている。

10.1　よくあるトラブルの事例

表10.1（1／2）　よくあるトラブルの例

		よくあるトラブルの例	本書参照箇所
調査準備段階	現場踏査	関係者（土地所有者・管理者）が分からないまま私有地で調査をしていたら、関係者からクレームがあった。	10.2(1)　現場踏査時の留意事項
	各種手続き	道路使用許可の申請手続きが必要にもかかわらず、申請期間を考慮せず調査日を設定した。	10.2(2)　各種手続き（警察関係）に関する留意事項 10.2(3)　各種手続き（道路管理者関係など）に関する留意事項 10.2(4)　各種手続き（民間関係）に関する留意事項
		警察以外にも申請手続きが必要なことを考慮していなかった。	
	調査機器の設置	路側や照明柱等に調査機器を設置する際、住民に不審者と勘違いされた。	10.2(5)　調査計測機器などの設置・撤去に関する留意事項
		路側や照明柱等に調査機器を設置しておいたら盗難されてしまった。	
		調査機器の乾電池等のバッテリーが消耗していてデータが記録されていなかった。	
調査実施段階	調査実施の判断	調査の実施判断を、調査日前日ギリギリまで遅らせたため、予定していた人数の調査員を確保出来なかった。	10.3.1(1)　調査実施の判断
	調査員の配置位置	調査員の配置位置が分からなくなり混乱した。	10.3.2(1)　調査員との集合待ち合わせ 10.3.1(2)　調査員の調査箇所への配置
		調査員の配置位置が不適切なため、クレームが発生した。	
	調査員の行動	調査員がタバコの吸い殻をポイ捨てし、お菓子等のゴミを調査箇所に捨てたまま帰った。	10.2(6)　調査員研修に関する留意事項 10.2(7)　安全対策に関する留意事項 10.2(8)　緊急時の連絡体制に関する留意事項 10.3.2(3)　調査箇所での調査実施 10.3.2(4)　調査実施中の調査員の休憩、体調管理
		調査員が腕章（安全チョッキ・安全ヘルメット）を着用せずに調査していた。	
		調査員が調査実施中にスマートフォンや携帯電話を使用していた。	
		降雨時に調査員が濡れたまま調査を続けていたため、住民から調査継続が必要なのか問い合わせがあった。	
		調査員が信号無視、横断禁止違反などの違反行為を行った。	
		十分、安全に配慮していたにもかかわらず、調査員が調査中に交通事故（もらい事故）に遭遇した。	
		真夏の炎天下で調査中に調査員がダウンした。	

120

表10.1（2／2） よくあるトラブルの例

		よくあるトラブルの例	本書参照箇所
調査実施段階	調査員の行動	調査員が道路使用許可書の提示を求められたが、道路使用許可書のことを知らず対応が出来なかった。	10.2(6) 調査員研修に関する留意事項 10.2(7) 安全対策に関する留意事項 10.2(8) 緊急時の連絡体制に関する留意事項 10.3.2(3) 調査箇所での調査実施 10.3.2(4) 調査実施中の調査員の休憩、体調管理
		調査員が休憩中に調査箇所周囲を動き回っていたため、住民から不審者扱いされた。	
	調査の実施	調査員が、集計単位時間毎にカウンターをゼロクリアしていた。	10.3.2(5) 調査実施に際しての留意事項
		渋滞が延伸してしまったため、交差点通過時間を一人では計測できなくなった。	
		写真・動画撮影時、歩行者、ドライバーなどが写りこんだためクレームが発生した。	
		機械計測中、植栽の枝が揺れたり、車両が駐車されたりして、計測に支障が生じた。	10.3.2(6) 調査計測機器（機械計測）の調査実施中における留意事項

10.2 調査準備期における留意事項

（1）現場踏査時の留意事項

現場踏査では、各調査地点における、計測方向、調査員の配置場所・配置人数、調査員が休憩出来る場所、食事の出来る店、トイレや公衆電話の場所などを確認する。

調査地点周辺に学校、大規模公園、レジャー施設等が隣接している場合には、イベントの開催有無をインターネットや地元広報誌などで確認し、交通に影響を及ぼす可能性が生じる場合には、調査実施日を変更することを発注者と協議する必要がある。

図10.1　現場踏査時の現場状況の例（その１）

図10.2　現場踏査時の現場状況の例（その２）

　現場踏査時には、調査対象となる道路及びその周辺地域において、調査に影響する交通規制が予定されていないか工事看板などで確認する必要がある。
　調査員の配置位置は、自転車レーンや点字ブロック上、交差点のたまり場や歩行者動線上など交通安全上の支障となる位置や、民地など住民からのクレームが出る位置を回避する（極力電柱の裏側や街灯下など、自動車の突入リスクを考慮した比較的安全な場所に配置する。）。
　歩道幅員の狭い箇所での調査員配置は、調査員の前後をカラーコーン[※1]（夜間は自発光等）で挟むなどの安全に調査出来る環境となるようにする。
　※１：カラーコーンを使用する場合は、「道路使用許可申請書」にも記載しておく必要がある。

複数の調査地点で調査を実施する場合は、調査員の配送計画を検討する場合に必要となる「調査地点の最寄りとなる鉄道駅や高速道路のインターチェンジの位置と所要時間、駐停車スペースの有無、鉄道の時刻表など」を調べたうえで、市販の地図等を用いて調査員の配送方法を計画する。

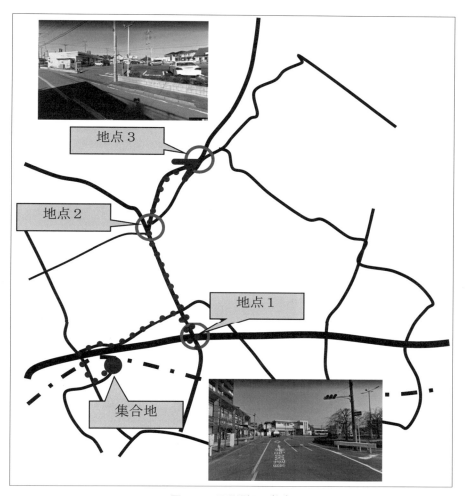

図10.3　配送計画（例）

(2) 各種手続き（警察関係）に関する留意事項

　公道で調査する場合、調査実施箇所のある所轄警察署に対して「道路使用許可申請書」を2部作成して申請する必要がある。「道路使用許可（申請）書」の申請から交付までの期間は、所轄警察署にもよるが概ね1週間程度である。なお、「道路使用許可（申請）書」の有効期間の基準は1ヶ月以内と規定されているが、申請書に記載するのは通常、2週間を目安とする場合が多い。天候などの影響により調査実施日が延期となるおそれがある場合には、申請した有効期間を過ぎてしまう可能性が生じるため、再度、「道路使用許可（申請）書」を申請するか、「記載事項変更届」を提出する。

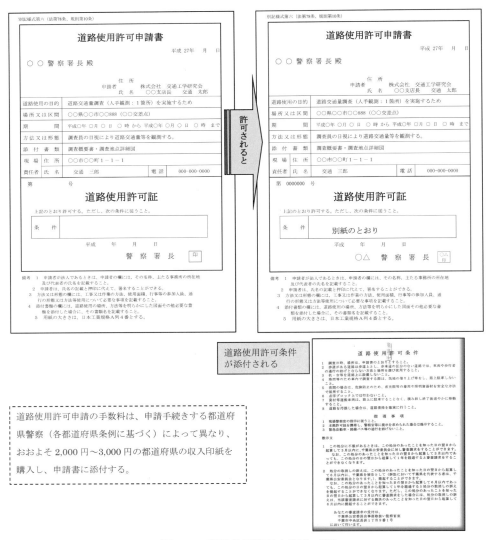

図10.4　道路使用許可申請書（例）

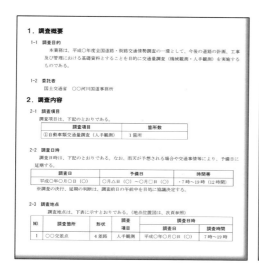
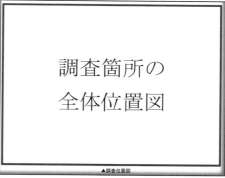
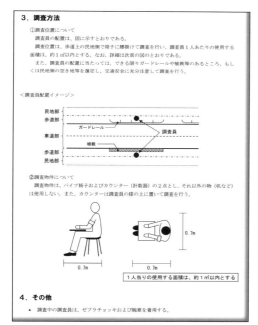
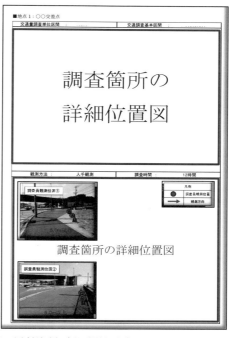

図10.5　道路使用許可申請書の添付資料（人手計測例）

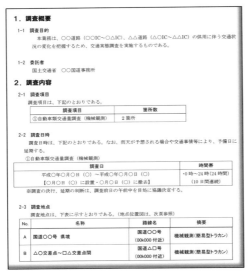

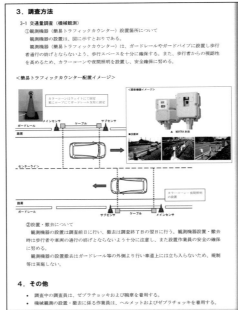

図10.6　道路使用許可申請書の添付資料（機械計測例）

(3) 各種手続き（道路管理者関係など）に関する留意事項

公道で調査する場合、道路管理者に対して「道路占用許可申請書」又は「道路作業届け」を作成して申請する場合がある。申請手続きの有無に関しては、発注者及び道路管理者に確認をする。発注者によっては、他の道路管理者との間で業務協力協定等を結んでいる場合もあり、申請手続きが不要な場合もある。また、交差点部で調査を実施する場合、調査員の配置位置によって、主道路と従道路の道路管理者が異なる時には、それぞれの道路管理者に申請手続きが必要となる場合がある。

図10.7　道路占用許可申請書（例）

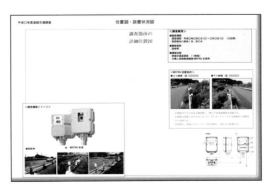

図10.8　道路占用許可申請書の添付資料（例）

公共団体等が管理する公園等の敷地内で交通量調査を実施する場合には、「公園占用許可申請書」の手続きが必要となる。

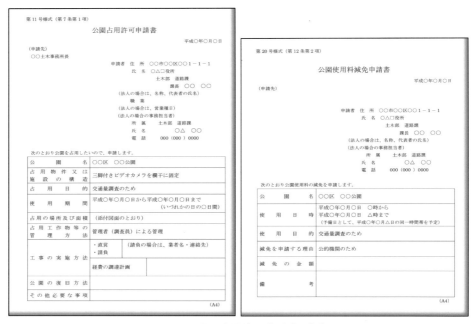

図10.9　公園占用許可申請書（例）

（４）各種手続き（民間関係）に関する留意事項

　調査の実施に際して民地を借用しなければならない場合もある。その場合、発注者と協議し、発注者の了解（承認）を得てから、民地の所有者に対し、調査の協力依頼文を提出する。

　なお、発注者から民地の所有者に対して、調査協力の依頼文を発行する場合もある。

　　　　　　　　　　　　　　　　　　　　　　　　　　　　日　付

○○　様

○△□調査に関する協力のお願い

下記業務に於いて貴社非常階段踊場を一時お借りしたく、御協力お願いします。

１．業務件名
　　・○△□調査

２．調査目的
　　・沿道の交通量の測定調査を実施し経年変化を把握するため。

３．調査内容
　　①調査項目
　　　・自動車交通量調査
　　②実施予定日
　　　・平成○年○月○日（○）７時〜翌日７時まで24時間観測
　　　　※荒天の場合、調査日を延期して実施。（２週間以内）
　　③調査方法
　　　・貴社非常階段に調査員を２名配置し、○△線の交通量カウントを実施する。

４．調査体制
　　①調査機関
　　　・○○△□

　　②実施機関（受託会社）
　　　・株式会社 交通工学研究会　調査部
　　　・担　　当：○△　○○（00-0000-0000）
　　　・現場担当：△○　○△（000-0000-0000）

図10.10　協力依頼文（例）

（5）調査計測機器などの設置・撤去に関する留意事項

a．交通量計測機器

路側や照明柱[※2]などに調査計測機器を設置する場合は、作業員が安全に計測機器を設置・撤去出来るよう留意しなければならない。作業員は、安全確保のため、作業着、腕章、安全チョッキ、安全ヘルメットなどを着用して作業にあたる。

※2：発注者の管理施設以外の施設に調査計測機器を設置する場合には施設管理者の許可が必要。

自動車交通量や歩行者・自転車の通行量が多い箇所での計測機器の設置・撤去に際しては、安全誘導員[※3]を配置した上で、作業を実施する。計測機器の設置に際し、植栽などが障害となる場合には、発注者及び管理者と協議、了承を得たうえで樹木などを伐採・撤去する。発注者の許諾を得ないで、勝手に樹木などを伐採・撤去してならない。勝手に伐採・撤去した場合は、法的な処罰対象となる。

※3：安全誘導員の配置や路側で植栽などの伐採・撤去を行う場合は、警察および道路管理者に対して各種手続きが必要である。

図10.11　計測機器の設置・撤去に際しての安全誘導規制（例）

路側や照明柱などに計測機器を設置する場合には、盗難防止用のワイヤーや南京錠の使用により対処する他、計測機器の盗難保険や対物保険への加入によりリスク移転を図る。

図10.12　計測機器の設置及び盗難防止対策（例）

　調査計測機器（機械計測）は、調査実施前に必ず「正常な動作をするかどうか」の事前確認を実施する必要がある。正常な動作が確認出来なかった調査計測機器は使用しないで、メーカー等に修理を依頼する。あらかじめ、調査計測機器を定期点検するなどの対応を図る必要がある。
　乾電池や充電式バッテリーを使用する計測機器を用いて調査する場合、使用環境、使用時期（季節）、使用状況により消耗状況が大きく異なる場合がある。乾電池の場合は新品の使用を基本とし、充電式バッテリーの場合は劣化状況の把握が難しいため、事前に使用確認を実施する。充電式電池の電圧は1.2Vのため、計測機器によっては動作の不安定化を招くことがあるため、事前の動作確認をする必要がある。（※使用環境にもよるが乾電池は、夏場に消耗が激しいため早めの交換とし、冬場は電圧降下が発生する可能性がある。）

第10章

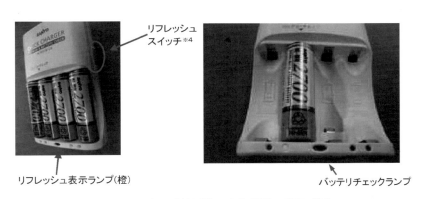

図10.13　充電式乾電池の劣化状況の確認（例）

※4：リフレッシュスイッチ　充電池を放電しきらない状態で再充電を繰り返すと、実際の電池容量よりも使用時間が短くなる「メモリー効果現象」を解消する機能

b．旅行速度計測機器

　旅行速度調査において、調査対象区間内に半地下構造やトンネル区間が含まれる場合、一般的なプローブ機器ではGPSデータを補足出来ないためデータが欠損する。このため、走行ルート上にGPSデータの補足が難しい区間が含まれる場合にはカーナビゲーションタイプ（車速データが入手可能）のプローブ機器を用いて調査する必要がある。

【GPSロガー】

【カーナビタイプ】

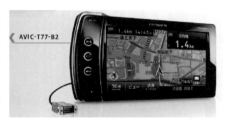

図10.14　プローブ機器（例）

c．調査車両など

　プローブカー調査に使用する計測車両や現場監督員等が巡回時に使用する車両は、原則、任意保険に加入している車両を使用する。レンタカーを使用する場合には、「レンタカー契約書」に任意保険に関する事項が記載されていることを確認する必要がある。

（6）調査員研修に関する留意事項

調査員研修は、トラブルなどを発生させないために、調査実施までに調査員全員に対し必ず実施する。主な研修項目は、下記に示すとおりである。

○調査目的
○調査日時（調査予備日）
○調査当日の集合場所、集合時間、タイムスケジュール
○調査当日の持参品
　・時計、筆記用具
　・天候によって、雨カッパ、防寒着、使い捨てカイロ、手袋、マフラーなど
○調査前日の調査実施確認の電話連絡
○調査要領
　・車種分類の内容、計測方向、計測時間、計測方法、調査票への記入方法等

（例）交差点通過時間の計測方法（定義）
　・滞留長対象車両を基準とする場合と、渋滞長対象車両を基準とする場合がある。
　・調査員にも思い込みが発生しやすいので、十分研修を行うことが必要。
　・過年度調査結果と比較する場合は、計測方法を確認し整合をとる。

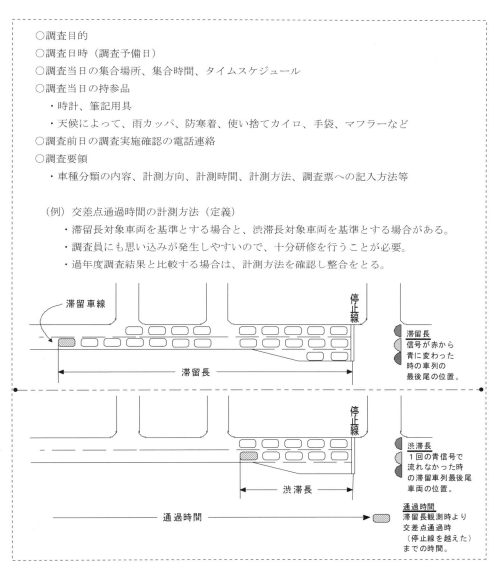

図10.15　研修における留意事項

また、調査時の注意事項として、下記に示す事項を調査員に徹底する。
　○腕章（現場の状況により安全チョッキや安全ヘルメット）を着用すること。
　○通行中の車両や歩行者、自転車の通行に支障を与えないこと。
　○民地に無断で立ち入らないこと。
　○信号無視、横断禁止箇所での横断などの交通法規違反をしないこと。
　○ゴミ（空き缶、吸い殻、ビニール袋など）を放置しないこと。
　○トイレを借用する場合は、必ず挨拶とお礼をすること。
　○調査中はスマートフォン・携帯電話等の使用や、飲食・喫煙はしないこと（水分補給を除く）。
　○降雨時の対応が出来るように準備すること。
　○防寒対策（使い捨てカイロ、重ね着など）をすること（冬季調査等の場合）。
　○気象状況等に応じ、「熱中症に関する健康状態自己チェックシート（表10.2参照）」を休憩時に記入すること。また、休憩時および調査時にはスポーツドリンク等の補給、塩分及びミネラル補給用錠剤（塩タブレット又は塩飴）を摂取すること。
作業に関する注意事項として、下記に示す事項を調査員に徹底する。
　○懐中電灯などの光が通行車両や歩行者などに当たらないようにすること（夜間調査等の場合）。
　○集合時刻、交替時刻、データ記入時刻を順守すること。
　○調査前に時報（117）やラジオ、電波時計やGPS時刻等で持参した時計の時刻を合わせること。

現場監督員は、調査員に対し注意事項を遵守するよう指示するとともに、下記に示す事項を調査員に徹底する。
　○夏季調査の場合、調査員への熱中症対策の一環として、環境省の「熱中症予防情報サイト」や日本気象協会の「熱中症情報サイト」等から情報収集を行い、必要に応じ適宜、調査員への注意喚起を促すこと。
　○調査員が休憩時に記入した「熱中症に関する健康状態自己チェックシート（表10.2参照）」を巡回時に確認すること。また、調査員に対しスポーツドリンク等の補給、塩分及びミネラル補給用錠剤（塩タブレット又は塩飴）の摂取を促すこと。

表10.2　熱中症のチェックシート（例）

熱中症に関する健康状態自己チェックシート							
調査名：				調査員氏名：			

●この「チェックシート」は、調査員自身が各自で調査時の体調をチェックするための「チェックシート」です。
●調査実施前と休憩時に体調をチェックしてください。
●休憩時のチェックで症状が認められる方は、すぐに現場監督員に申し出てください。
●現場監督員は各調査員のチェックシートを見て、早めの対応に努めてください。

区分		No.	チェック項目				
調査実施前チェック	既往歴・生活習慣		**以下の人は熱中症にかかりやすい人です。**				
		1	高齢者(65歳以上の人)である。				
		2	心筋梗塞、狭心症などにかかったことがある。				
		3	これまでに熱中症になったことがある。				
		4	高血圧である。				
		5	風邪を引いて熱がある。　【参加不可】				
		6	下痢をしている。　　　【参加不可】				
		7	二日酔いである。　　　【参加不可】				
		8	朝食を食べなかった。				
		9	寝不足である。				
休憩時チェック	重症度Ⅰ 応急処置と見守り		**以下の人は熱中症にかかっている人です。**				
		11	めまい、立ちくらみがする。				
		12	拭いても拭いても汗が出てくる。				
		13	手足や体の一部がつる。				
	重症度Ⅱ 医療機関へ	14	頭がズキンズキンと痛い。				
		15	吐き気がする。				
		16	体がだるい。				
		17	判断力・集中力が低下する。				
	重症度Ⅲ 入院加療	18	意識が無い。				
		19	体がけいれんする。				
		20	体温が高い				
		21	呼び掛けに反応していない。				
		22	まっすぐに歩けない、走れない。				
現場監督員氏名：							

●熱中症の判断の目安として、体温と脈拍を測る方法があります。
　以下の値以上であれば、熱中症の可能性があります。
　・脈拍　50～90回/分　正常範囲内。それでもだるさや吐き気がある場合は熱中症の可能性あり。
　・脈拍　90回/分　脱水気味で、熱中症が疑われます。
　・脈拍　100回以上/分　本格的な脱水。水分(経口補水液)と塩分を補給。
　・体温　40℃前後の高熱　(風邪のウイルスなどによる発熱は通常42℃を超えることはない)。
　・皮膚が赤く乾いているなどの症状見熱中症のサインです。
●熱中症の疑いがある場合は、速やかに医師の診断を受けて下さい。

（出典）「https://www.mhlw.go.jp/file/06-Seisakujouhou-11200000-Roudoukijunkyoku/manual.pdf」を基本として一部加筆修正

（7）安全対策に関する留意事項

安全対策については、調査員等に研修時に徹底させる。

（巡回管理者）
・調査員の配置場所は、調査計画どおりであることを確認した上で、改めて歩道の上、ガードレールの内側等の通過車両に対して安全な場所であること、かつ歩行者や自転車の通行の妨げにならないことを確認すること。
・巡回管理者は、道路使用許可書の原本または写しを携行すること。

（調査員）
・調査中の調査員は全員「調査員」と書かれた黄色等の腕章を必ず着用すること。
・調査現場の状況に応じ、「安全ヘルメット、安全チョッキ」を着用させること。

図10.16　調査員の標準スタイル（例）

(8) 緊急時の連絡体制に関する留意事項

　緊急時の連絡体制には、調査箇所の所轄する警察署や消防署、救急病院、労働基準監督署の電話番号（所在地）も記載しておく。

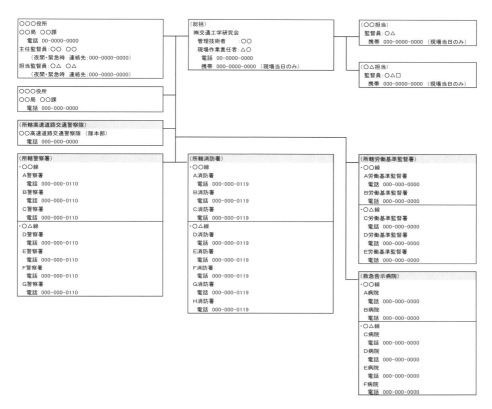

図10.17　緊急時の連絡体制（例）

10.3 調査実施期における留意事項

10.3.1 調査前日の留意事項

（1）調査実施の判断

　調査の実施の有無は天気予報をもとに判断することとし、事前に降水確率が何％以上になったら調査を延期するかを決めておく。

　天気予報は気象庁から提供されているほか、市区町村など細かな地域・地点の予報を提供しているサイトもある。なお、発注者によっては、気象情報提供会社と個別に気象予報を契約している場合もあるため、気象情報の提供有無を確認したほうが良い。

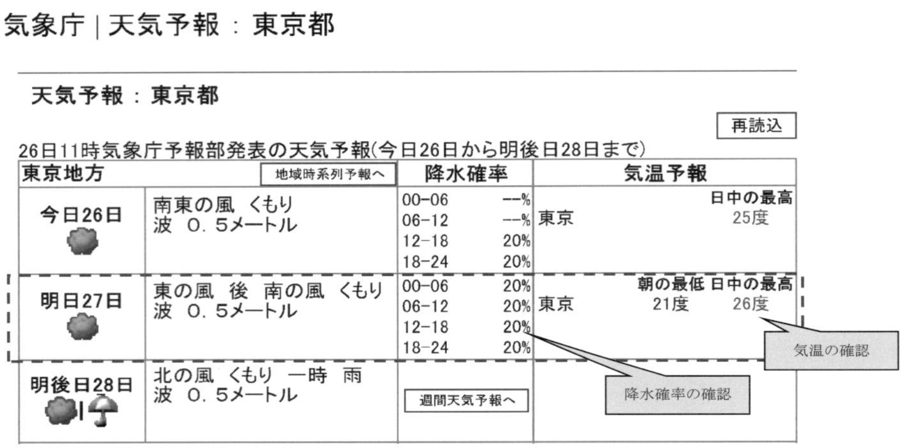

気象庁｜天気予報：東京都

天気予報：東京都

26日11時気象庁予報部発表の天気予報(今日26日から明後日28日まで)

東京地方		降水確率	気温予報
今日26日	南東の風 くもり 波 0.5メートル	00-06　--% 06-12　--% 12-18　20% 18-24　20%	日中の最高 東京　　25度
明日27日	東の風 後 南の風 くもり 波 0.5メートル	00-06　20% 06-12　20% 12-18　20% 18-24　20%	朝の最低 日中の最高 東京　21度　26度
明後日28日	北の風 くもり 一時 雨 波 0.5メートル	週間天気予報へ	

（出典）気象庁ホームページ（http://www.jma.go.jp/jp/yoho）より

図10.18　天気予報（例）

　調査実施の有無について前日の夕方頃までに調査員に連絡する必要があるため、連絡の時間を考慮して調査実施の判断をするタイミングを設定する（一般的には11時時点の天気予報をもとに判断を行うことが多い）。特に調査実施規模が大きい場合は、調査員との連絡確認に時間を要するため留意しておく必要がある。

　日曜日に調査を行う場合は、直前の金曜日の週間天気予報をもとに判断することが多い。ただし、金曜日の時点では判断がしづらい場合には、調査前日まで判断を先延ばしする場合もある。その場合には、調査員が辞退を申し出ることも予想されるため、調査員は平日調査に比べ多めに確保しておくことが望ましい。また、この場合、発注者の閉庁時間に判断を行うこととなるため、連絡先（携帯電話）を予め確認しておく必要がある。

10.3.2　調査当日の留意事項

（1）調査員との集合待ち合わせ

　　現場監督員（または巡回者）は、待ち合わせ場所で調査員の集合状況を確認する。健康状態について確認を行うとともに、調査員研修時に伝達した安全対策（KY活動）や留意事項について再度徹底を行う。

（2）調査員の調査箇所への配置

　　調査員の配送は、現場監督員または巡回者が調査箇所周辺で車が駐停車出来そうなところ（例えば公園の駐車場）で行う。調査箇所周辺に到着した調査員は、今回担当する調査、及び調査内容等を現場監督員から確認する。現場監督員などから必要な器材を受け取り、調査開始の30分前までに調査箇所へ到着できるように移動する。

　　調査員が調査箇所での配置位置がわからず調査現場で困惑することがないように、分かり易い模式図の作成が重要となる。

第10章

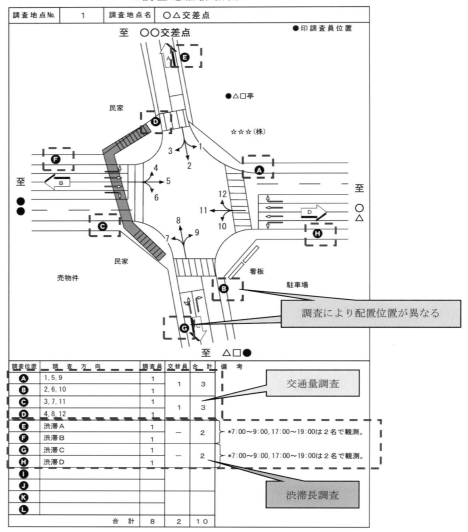

図10.19 調査箇所の模式図（例）

（3）調査箇所での調査実施

　各調査箇所には、道路使用許可書のコピーを配備し、警察官から「道路使用許可書」の提示を求められた際はコピーを提示する。また、原本は、現場監督員または巡回者が持つとともに、その旨を各調査員に伝えておく。

　降雨の可能性がある場合、巡回者は、調査票や調査器材などが濡れないよう透明のビニール袋を準備し、調査開始前までに調査員に配布する。また、荒天となる可能性が高いと見込まれる場合は、現場監督員は発注者に調査の中断・中止を提案し、指示を仰ぐ。

　調査員が、交通事故（もらい事故）に遭遇した場合や急病になった場合には、近くに

いる他の調査員は、巡回者や警察・救急などへ電話連絡を直ちに行う。巡回者は、けが・病気の状況を確認し、必要に応じて応急処置（例、「出血確認後、止血対応」「けが確認後、けがの手当」など）を行う。

冬季等の天候状況により路外での調査実施が難しい箇所では、調査車両を配置して車内で実施する場合がある。その場合、調査車両には下図のようにカラーコーンと矢印板を設置し、「調査車両」の張り紙をするなど通行車両から容易に調査車両ということが確認できるようにする（※路側に調査車両を配置する場合は、安全確保の観点から矢印板を設置し、進行方向から進入してくる通行車両に注意を促す）。

また、車両の移動時には前後左右の安全確認を必ず行ったうえで移動する。

なお、調査車両の使用に際しては、発注者及び道路管理者、交通管理者と協議の上、了承を得る必要がある（※発注者及び道路管理者の了解が得られた場合、調査計画書に記載する）。

図10.20　冬季調査時の車両使用（例）

（4）調査実施中の調査員の休憩、体調管理

調査実施中の休憩は、各調査員が順次、適宜おこなう。調査員は、吸い殻やゴミは持ち帰りを原則とする。

巡回者は巡回時にゴミの発生有無を確認するとともに、「現地入りした時以上にきれいにして現場離脱する」というスタンスで調査現場の清掃と原状回復を心掛ける。

調査員の休憩は、調査員配送用の自動車や近隣の公園などとし、調査員と地域住民とのトラブル発生を回避する。夏季は、熱中症対策として水分・塩分補給を行う。

（5）調査実施に際しての留意事項

交通量調査で使用するマニュアルカウンターの取扱に際し、集計単位時間毎にマニュアルカウンターをゼロクリアしてしまう調査員がいた場合、巡回者は他の調査地点と異

なる集計単位時間となるため、当該箇所の調査データのチェックが必要となる（※当該調査員に対し現地で再教育を現場監督員または巡回者が行う）。

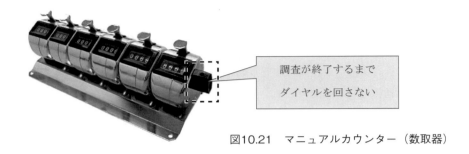

図10.21　マニュアルカウンター（数取器）

　現場踏査時やプレ調査、屋内でのビデオ画像からの交通量のアカウント作業時においては、マニュアルカウンターの代わりにスマホアプリ（図10.22参照）の利用も考えられる。ただし、現場での利用は、調査員のその他アプリ（メール機能、ニュースサイト閲覧）の利用によるデータ欠損、一般通行者の誤解（録画機能によるプライバシー侵害、調査員のサボリ行動）を招く可能性もあるため、調査員の教育訓練の徹底、発注者の了解を得ておくことなど、トラブルを事前に回避する方策を検討する必要がある。また、利用するアプリによっては、データ消失のリスクがあることにも留意が必要である。

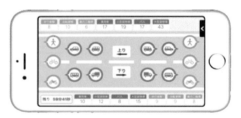 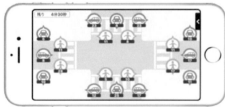

（出典）㈱ワクトのホームページ「https://wakuto.net/developed/」より
図10.22　スマホアプリ（例）

　渋滞長調査において、渋滞が延伸し交差点通過時間を一人で計測出来なくなった場合には、巡回者または予備調査員が合流して調査をサポートする（※渋滞長調査の場合、交通状況によって大きく変化する場合があるため、過去の調査結果やピーク時間の事前調査により、ピーク時の渋滞状況を確認する必要がある）。
　道路交通状況の現場写真を撮影する場合、撮影者が「調査員」の腕章や安全チョッキを着用した上で、歩行者やドライバーなどの被写体の顔が映り込まないアングルで撮影するほか、夜間は絶対にフラッシュ撮影をしない（※被写体の顔や車のナンバープレートが確認出来る撮影をして、報告書などに画像処理しないで使用した場合、クレームが発生することもある）。

10.3.2　調査当日の留意事項

図10.23　道路交通状況の写真（例）

第10章

（6）調査計測機器（機械計測）の調査実施中における留意事項

調査計測機器（機械計測）の調査実施中は、定期的に調査計測機器が正常に作動しているか、周辺にゴミや植栽の枝などが強風で飛散してきていないかどうかを目視などで確認する。

調査計測機器の周辺での駐停車車両の有無を確認し、車両が調査計測機器の前に駐停車していた場合には、駐停車のドライバーに速やかな移動の協力を依頼する。

調査計測機器の電源が乾電池の場合は、基本的には新品の乾電池を使用する。充電式バッテリーの場合は、調査前日までに充電したバッテリーを使用する。乾電池または充電式バッテリーを交換した場合、必ず機器が正常に動作していることを確認する。

（充電式バッテリーの場合）

図10.24　調査計測機器の動作確認（例）

附表　交通調査と調査内容

(1)　交通量調査

(2)　速度調査

(3)　渋滞状況調査

(4)　交通現象調査

(5)　交通容量調査

(6)　事故調査・事故分析

(7)　経路調査

(8)　駐車調査

附表

⑴ 交通量調査

（自動車類）　　　　　　　　　　　　　　　調査必要度 ： ◎高い　○普通　△要検討

業務の種別	対象	平日	休日	曜日別	特異日	季節別	24時間計	昼間12時間計	1時間毎	15分毎	ピーク時	全車種計	2車種 大型・小型別	4車種 大型・小型別×乗用・貨物別	細分類
道路計画	都市部自専道	◎	△						◎	○				◎	○
	地方部自専道	◎							◎	○				◎	○
	都市部一般道	◎	△						◎	○				◎	○
	地方部一般道	◎							◎	○				◎	○
道路整備効果（供用後）		◎	△		△		○	○	◎				◎		○
交差点改良計画	都市部	◎							◎	○				◎	○
	地方部	◎							◎	○				◎	○
安全対策	自動車類	△	△						△				△		△
	歩行者・自転車類														
渋滞対策	自専道	◎	△	△	△				◎	◎				◎	○
	一般道	◎	△	△	△				◎	◎				◎	○
休憩施設計画	SA・PA	◎	○		△				◎	○				◎	△
	道の駅	◎	○						◎	○				◎	△
交通施設計画	駅前広場	◎	△						◎	○	△			◎	△
	駐車場	◎	△		△				◎	○	△			◎	△
	駐輪場														
	バスターミナル	◎							◎	○	△			◎	
	バス停留所	◎							◎					◎	
地域・地区計画	住宅系	◎						○	◎					◎	○
	商業系	◎	○		△			○	◎					◎	○
	工業系	◎						○	◎					◎	○
	観光・レジャー施設	◎	○		△	△		○	◎					◎	○
沿道環境対策		◎							◎					◎	○
交通規制計画		◎	△		△				◎					◎	○
バリアフリー															
道路維持管理															

（歩行者類）

交通量調査　歩行者・自転車類

業務の種別	対象	平日	休日	曜日別	特異日	季節別	24時間計	昼間12時間計	1時間毎	15分毎	ピーク時	歩行者・自転車の計	歩行者・自転車の別	高齢者等
道路計画	都市部自専道													
	地方部自専道													
	都市部一般道	△	△						△				△	
	地方部一般道													
道路整備効果（供用後）														
交差点改良計画	都市部	△	△						△				△	
	地方部													
安全対策	自動車類													
	歩行者・自転車類	△	△						△				△	
渋滞対策	自専道													
	一般道	△	△						△				△	
休憩施設計画	SA・PA													
	道の駅													
交通施設計画	駅前広場													
	駐車場													
	駐輪場	◎							◎	△			◎	
	バスターミナル													
	バス停留所													
地域・地区計画	住宅系													
	商業系		△		△				△				△	
	工業系													
	観光・レジャー施設		△		△			△	△				△	
沿道環境対策														
交通規制計画														
バリアフリー		○	△						○				○	△
道路維持管理														

② 速度調査

調査必要度 ： ◎高い ○普通 △要検討

業務の種別	対象	地点速度	区間速度 走行速度	区間速度 旅行速度	平休別 平日	平休別 休日	季節別	調査時間 1時間毎30分毎15分毎5分毎など	朝夕ピーク	夜間	車種分類 乗用車・バス・貨物車・小型車	車種分類 大型車
道路計画	都市部自専道	△	○	○	○	△			◎	△		○
	地方部自専道	△	○	○	△	△	△	△	○			○
	都市部一般道		○	○	○				○	△		○
	地方部一般道		○	○	△	△	△		○			○
道路整備効果（供用後）			○	○	○	△			○	△	△	
交差点改良	都市部	○			○				○			△
	地方部	○			○	△			○			△
安全対策	自動車類	○							○	△		△
	歩行者・自転車類	○							○	△		△
渋滞対策	自専道		○	○	○	△	△	○	○	△		
	一般道		○	○	○	△	△	△	○	△		○
休憩施設計画	SA・PA			△	△	△	△					
	道の駅			△	△	△	△					
交通施設計画	駅前広場											
	駐車場											
	駐輪場											
	バスターミナル											
	バス停留所											
地域・地区計画	住居系	○			○				○	○		○
	商業系	○			△	○			○			○
	工業系	△			△				△			
	観光・レジャー施設	△				○	○	○	△	△		
道路環境		○	○				○	○	○	○	○	
交通規制検討		○	○		○	△			○			○
バリアフリー												
道路維持管理		○			○				○			○

③ 渋滞状況調査

調査必要度 ： ◎高い ○普通 △要検討

業務の種別	対象	平日	休日	特異日	季節別	渋滞ピーク時	3時間	6時間	信号周期	10分	30分	1時間
道路計画	都市部自専道	○	△	○	△	○		△		○		
	地方部自専道	○	△	○	△	○				○		
	都市部自専道	○	△	○	△	○				○		
	都市部一般道	○		○		○		○	○	△		
	地方部一般道	○	△	△	△	○	△		○	△		
道路整備効果（供用後）		○	△		△	○				○		
交差点改良計画	都市部	○		△		◎	△	△		○		
	地方部	○	△	△	○	○	△			○		
安全対策	自動車類											
	歩行者・自転車類											
渋滞対策	自専道	○	△	△	△	○				○		
	一般道	○	△	△	△	○			○	△		
休憩施設計画	SA・PA	○	○		○	○		△		△	○	
	道の駅	○	○		○	○		△		△	○	
交通施設計画	駅前広場											
	駐車場											
	駐輪場											
	バスターミナル											
	バス停留所	○		△		○			○	△		
地域・地区計画	住居系	○	△			○				○		
	商業系	○	○			○				○		
	工業系	○				○				○		
	観光・レジャー施設	○	◎		◎	◎		△		○		
沿道環境対策		○	△		△	○		△		○		
交通規制計画		○	△	△	△	○		△		○		
バリアフリー												
道路維持管理												

附表

⑷ 交通現象調査

調査必要度 ： ◎高い　○普通　△要検討

業務の種別	対象	平日	休日	特異日	ピーク時間	3時間	6時間	信号サイクル	5分	15分	1時間	地点種別	路線種別	車線数	現地調査	交通量	速度	密度	車頭時間	車頭間隔(距離)	車線利用率	掛け交通量	車頭時間
道路計画	都市部自専道																						
	地方部自専道																						
	都市部一般道																						
	地方部一般道																						
道路整備効果(供用後)																							
交差点改良計画	都市部	◎	△	△	◎	△	△	◎		○	○	◎	◎	◎	◎							◎	◎
	地方部	◎	△	△	◎	△	△	◎		○	○	◎	◎	◎	◎							◎	◎
安全対策	自動車類																						
	歩行者・自転車類																						
渋滞対策	自専道	◎	△	△	◎	△	△	◎		○	○	◎	◎	◎	◎	◎	◎	◎	△	◎	△	◎	
	一般道	◎	△	△	◎	△	△	◎		○	○	◎	◎	◎	◎	◎	◎	△	△	△	△	◎	
休憩施設計画	SA・PA																						
	道の駅																						
交通施設計画	駅前広場																						
	駐車場																						
	駐輪場																						
	バスターミナル																						
	バス停留所																						
地域・地区計画	住宅系																						
	商業系																						
	工業系																						
	観光・レジャー施設																						
沿道環境対策																							
交通規制計画																							
バリアフリー																							
道路維持管理																							

⑸ 交通容量調査

調査必要度 ： ◎高い　○普通　△要検討

業務の種別	対象	平日	休日	特異日	ピーク時間	3時間	6時間	信号サイクル	5分	15分	1時間	地点種別	路線種別	車線数	現地調査	交通量	速度	密度	車頭時間	車頭間隔(距離)	車線利用率	掛け交通量	車頭時間
道路計画	都市部自専道																						
	地方部自専道																						
	都市部一般道																						
	地方部一般道																						
道路整備効果(供用後)																							
交差点改良計画	都市部	◎	△	△	◎	△	△	◎		○	○	◎	◎	◎	◎							◎	◎
	地方部	◎	△	△	◎	△	△	◎		○	○	◎	◎	◎	◎							◎	◎
安全対策	自動車類																						
	歩行者・自転車類																						
渋滞対策	自専道	◎	△	△	◎	△	△	◎		○	○	◎	◎	◎	◎	◎	◎	◎	△	◎	△	◎	
	一般道	◎	△	△	◎	△	△	◎		○	○	◎	◎	◎	◎	◎	◎	△	△	△	△	◎	
休憩施設計画	SA・PA																						
	道の駅																						
交通施設計画	駅前広場																						
	駐車場																						
	駐輪場																						
	バスターミナル																						
	バス停留所																						
地域・地区計画	住宅系																						
	商業系																						
	工業系																						
	観光・レジャー施設																						
沿道環境対策																							
交通規制計画																							
バリアフリー																							
道路維持管理																							

⑥ 事故調査・事故分析

（単路部）　　　　　　　　　　　　　　　　　　　　　　　　　　　調査必要度 ： ◎高い　○普通　△要検討

業務の種別	対象	平日	休日	曜日別	特異日	季節別	24時間計	昼間12時間計	夜間12時間計	任意	天気	路面状況	全車種計	2車種 大型・小型別	4車種 大型・小型別×乗用・貨物別	細分類
道路計画	都市部自専道															
	地方部自専道															
	都市部一般道															
	地方部一般道															
道路整備効果（供用後）		◎	○				◎	○	○						◎	
交差点改良計画	都市部															
	地方部															
安全対策	自動車類	◎	○	△		△	◎	○	○		△	△			◎	△
	歩行者・自転車類	◎	○	△		△	◎	○	○		△	△				
渋滞対策	自専道															
	一般道															
休憩施設計画	SA・PA															
	道の駅															
交通施設計画	駅前広場															
	駐車場															
	駐輪場															
	バスターミナル															
	バス停留所															
地域・地区計画	住宅系															
	商業系															
	工業系															
	観光・レジャー施設															
沿道環境対策																
交通規制計画																
バリアフリー																
道路維持管理																

附表

（交差点部）

業務の種別	対象	平日	休日	曜日別	特異日	季節別	24時間計	昼間12時間計	夜間12時間計	任意	天気	路面状況	全車種計	2車種 大型・小型別	4車種 大型・小型別×乗用・貨物別	細分類
道路計画	都市部自専道															
	地方部自専道															
	都市部一般道															
	地方部一般道															
道路整備効果（供用後）		◎	○				◎	○	○						◎	
交差点改良計画	都市部															
	地方部															
安全対策	自動車類	◎	○	△		△	◎	○	○		△	△			◎	△
	歩行者・自転車類	◎	○	△		△	◎	○	○		△	△				
渋滞対策	自専道															
	一般道															
休憩施設計画	SA・PA															
	道の駅															
交通施設計画	駅前広場															
	駐車場															
	駐輪場															
	バスターミナル															
	バス停留所															
地域・地区計画	住宅系															
	商業系															
	工業系															
	観光・レジャー施設															
沿道環境対策																
交通規制計画																
バリアフリー																
道路維持管理																

149

⑺　経路調査

調査必要度 ： ◎高い　○普通　△要検討

業務の種別	対象	走行速度	平休別		季節別	調査時間			車種分類	
			平日	休日		1時間毎	朝夕ピーク	夜間	乗用車貨物車	大型車小型車
道路計画	都市部自専道	◎	○			○	◎		◎	△
	地方部自専道	◎	○	△	△		○		◎	
	都市部一般道	◎	○			△	◎	△	◎	△
	地方部一般道	◎	○	△			○	△	◎	
交差点改良	都市部		△				△			△
	地方部		△				△			△
安全対策	自動車類									
	歩行者・自転車類		△			△				△
渋滞対策	自専道	○	○							
	一般道	○								
休憩施設計画	SA・PA									
	道の駅									
交通施設計画	駅前広場									
	駐車場									
	駐輪場									
	バスターミナル									
	バス停留所									
地域・地区計画	住居系	○	○			○		△	○	
	商業系		○			○			○	
	工業系									
	観光・レジャー施設		○	○	○	○			○	
道路環境		○	○	△	△	○		△		○
交通規制検討		△	○	△		○				
バリアフリー										
道路維持管理										

⑻　駐車調査

調査必要度 ： ◎高い　○普通　△要検討

業務の種別	対象	調査対象				平休別	
		路上	路外	駐車場の容量	営業形態等	平日	休日
道路計画	都市部自専道						
	地方部自専道						
	都市部一般道						
	地方部一般道						
道路整備効果(供用後)							
交差点改良計画	都市部	△			△		
	地方部	△			△		
安全対策	自動車類	△	△				
	歩行者・自転車類		△			○	△
渋滞対策	自専道	◎					
	一般道	◎				○	○
休憩施設計画	SA・PA	△	◎	◎	△	○	◎
	道の駅	△	◎	◎	△	○	◎
交通施設計画	駅前広場	◎	◎	◎			
	駐車場	◎	◎	◎	△	◎	○
	駐輪場		◎	◎			
	バスターミナル						
	バス停留所						
地域・地区計画	住宅系						
	商業系	◎	◎	◎		○	◎
	工業系						
	観光・レジャー施設	◎	◎	◎	△	△	◎
沿道環境対策							
交通規制計画		△				○	○
バリアフリー							
道路維持管理							

参考資料

　本書では既存の調査技術を中心にした調査を述べてきた。本文中においても記した部分もあるが、この分野でも新しい調査技術が開発されてきている。

　本項では交通調査手法のうち、近年著しく技術開発が進んだ手法の中から、下記の手法について紹介する。

　執筆者、資料提供者各位には、ここに謝意を表します。

参考資料Ⅰ　画像解析による交通流計測システム

　　　　　執　筆　者：上條　俊介（東京大学　生産技術研究所　准教授）

　　　　　資料提供：㈱NTTデータ、富士通フロンテック㈱

参考資料Ⅱ　可搬型交通量計測装置MOVTRA

　　　　　資料提供：㈱エイテック

参考資料Ⅲ　ドローンを活用した交通調査

　　　　　資料提供：国際航業㈱

参考資料Ⅳ　可搬式高所ビデオ調査装置ビューボール®による交通調査

　　　　　資料提供：㈱道路計画

【交通量調査結果集計表、渋滞長調査票のワークシート提供について】

　13ページに記載の「交通量調査結果集計表」および56ページに記載の「渋滞調査票」のMicrosoft社Excel形式ワークシートが交通工学研究会のホームページからダウンロード可能です。

交通工学研究会のホームページ（http://www.jste.or.jp/）にアクセスし、「その他」→「調査票ダウンロード」を選択するとファイル名が表示されます。

ご自由にダウンロードしてご活用ください。

参考資料I　画像解析による交通流計測システム

東京大学　生産技術研究所　准教授　上條　俊介

1. はじめに

　道路計画のための交通流解析調査において交通画像の有用性に対する認識は浸透しつつあり、すでに多くの場面で利用されている。しかし、現在は交通量調査においては、画像を再生しつつ人間が目視で数えるという作業が主流に行われ、車両の速度や軌跡等の詳細情報を必要とする類の交通流解析においては、各画像フレームにおける車両位置を人手で一つずつ特定し、座標を画像処理ソフトで読み込ませる作業が行われている。

　しかし、これらの作業には莫大な作業量と時間を要する上に、作業者の技量により成果物の質が一定しないという問題がある。このため、従来から画像処理による自動計測の実用化が望まれてきた。

　ここでは、これらの問題に対応した「時空間MRFモデル」という新しい画像処理技術を適用した交通画像自動解析ソフトウェアについて、その基本概念と応用例を紹介する。

1.1 時空間MRFモデルの概念

　ここで，オクルージョン（画像の重なり）の問題を扱うために考案した時空間MRFモデルについて簡単に概念を説明する。

　従来から、2次元（空間）静止画像の領域分割にMarkov Random Fieldモデルが提案され、その有用性が示されている。これに対し、時空間MRFモデルは、時空間画像の時間軸方向の相関関係に着目し、MRFモデルを時空間モデルとして拡張したものである。通常の空間Markov Random Fieldモデルは、Pixelごとに領域分割を行うものが多い、時空間MRFモデルも原理的には同様であるが、実際には画像フレーム間で車両等は数pixels～数十pixels移動するため、pixelごとに領域分割を行うことは困難である。そこで，時空間MRFでは、8 pixels×8 pixelsで定義されるブロックを単位として領域分割を行うこととし、画像フレーム間で有するブロックごとの動きベクトルを参照した時間軸方向の相関を定義することとした。さらに，確率緩和モデルを適用することにより、オクルージョンの場合でも移動物体の境界を最適解として求めることが出来る。

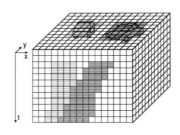

図1.1　Segmentation of Spatio-Temporal Images

1.2 トラッキング結果の例

　図1.2(a)は、神田駿河台下交差点の画像に時空間MRFを適用した結果の画像とObject-Mapを示している。また、図1.2(b)は高速道路の合流部付近における画像でのトラッキング結果を示しているが、交差点画像より低画角かつ正面画像であることから領域分割の最も難しい場合の一つとして考えられる。さらに、図1.3に、車両がビル影を通過した場合のトラッキング結果を示す。本実験では、ビル影の境界であるというような特別の情報を与えておらず、時空間MRFモデルによる最適化のみが適用された結果である。

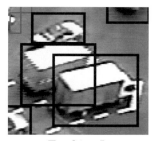
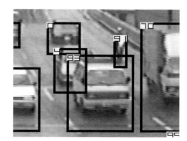

Tracking Image　　　　　　　　Tracking Image

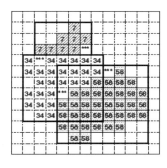
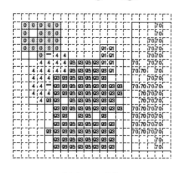

Object－Map　　　　　　　　Object－Map
(a) Crossroad　　　　　(b) Low－angle images: Merge Traffic

図1.2　Tracking results by S-T MRF

図1.3　Applying S-T MRF across the Shading Boundary

1.3 交通流計測

　図1.4は、時空間MRFモデルを適用した場合の出力を示している。出力は領域分割の結果である「Object-Mapおよび動きベクトル分布」であり、時系列に出力される。

　その結果、方向別交通量・Q−Vプロット等の様々な統計量が全て当該出力マップから導き出すことができる。図1.5は、交通統計量取得システムおよび本システムから得られる交通統計量の例を示している。図1.5(a)は本システムのディスプレイ画面であり、車両速度、方向別車両通過台数、軌跡等を得ることができる。また、図1.5(b)は、Quantity−Velocity曲線を示している。Q−V曲線は、交通工学の分野では道路計画などで用いられる重要な曲線である。図1.5(b)の左半分は渋滞流を、右半分が自由流を示している。このようなQ−V曲線が取得できるということは、現状のQ−Vを表す点をQ−V空間にプロットすることにより、渋滞の検出、特にどの程度の渋滞かという定量的な把握が可能となる。

　最後に統計量の自動取得システムを用いて、神田駿河台下交差点において2001年3月から現在まで定点観測を継続し、図1.5(c)の様に統計データを蓄積することができた。

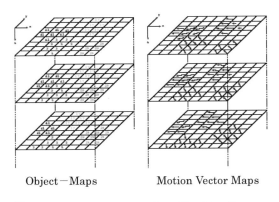

図1.4　Output Information from Tracking Process

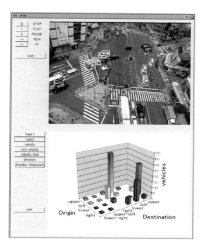

(a)Automated Statistics Acquisition System
Tracking Results and Directiol Vehicle Counts

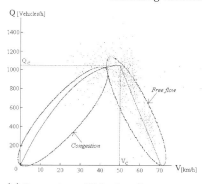

(b)Quantity－Velocity Curve

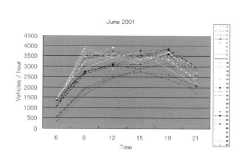

(c)Accumulated Traffic Volume Data

図1.5　The Statistics System

　本解説では、時空間MRFモデルに基づく高精度なトラッキング技術を用いた高精度かつ低コストで行える交通流計測について紹介した。今後さらに画像処理技術が発達することにより、こういったシステムが本格的に交通監視インフラに導入されて行くことが期待される。

2．応用例(1)

資料提供：NTTデータ

2.1　概要

　システムは、常時交通観測を行う場合と一時的に交通観測（社会実験、交通センサス等）を行う場合を想定しており、常時交通観測では、リアルタイムに映像を処理し交通量を計測することで、交通状況の把握を行うことを目的とし、一時的な交通観測では、録画映像をDVDプレイヤー等により再生した映像を処理し交通量を集計することで、社会実

験、交通センサスの調査データとすることを目的としている。

システムは、どちらの利用においても対応可能となるようにNTSC信号で映像をPCへ取込む形式としている。映像をPCへ取込む設定を完了後に、映像を利用して計測用の設定（撮影場所情報、計測エリア情報、距離情報等）を行うことにより、表2.1に示す情報が計測可能となっている。参考情報として表2.2にPCスペック、図2.1に構成イメージを示す。

表2.1　計測情報

方向別通過台数	計測エリアを進行方向毎に設定した方向別通過台数
車種別通過台数	車両の大きさから車種分類した通過台数 ①大型車（貨物トラック・バス等） ②小型車（普通車・小型トラック等）
車輌速度	計測エリアを走行した車輌の指定時間内平均速度
車輌軌跡（注1）	計測エリアにおける車輌毎の軌跡情報 （どの車線を通過したか）

（注1）　軌跡（位置情報）はデータベースに格納されているのみ。標準パッケージに可視化ツールは含まれていない。

表2.2　PCスペック

プロセッサ	Intel Core2 Duo2.6GHz ×2 以上
メモリ	2GB
ハードディスク	160GB
キャプチャーボード	Bt8x8系チップ搭載ボード
OS	Linux (Fedora Core)

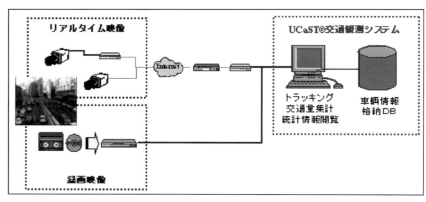

図2.1　構成イメージ

2.2　計測事例

（1）交通量の計測

図2.2に方向別凡例図、表2.3に交通量の統計表の例を示す。

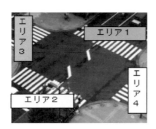

図2.2　方向別凡例図（例）

表2.3　交通量の統計表（例）

地点名		××丁目交差点							
流入		エリア1		エリア2		エリア3		エリア4	
流出		直進	左折	直進	左折	直進	左折	直進	左折
観測時間	車種								
7時00分～8時00分	大型	0	4	0	4	0	4	0	4
	小型	7	205	7	205	7	205	7	205
	合計	7	209	7	209	7	209	7	209
8時00分～9時00分	大型	0	9	0	9	0	9	0	9
	小型	6	262	6	262	6	262	6	262
	合計	6	271	6	271	6	271	6	271
9時00分～10時00分	大型	1	19	1	19	1	19	1	19
	小型	1	268	1	268	1	268	1	268
	合計	2	287	2	287	2	287	2	287
10時00分～11時00分	大型	0	8	0	8	0	8	0	8
	小型	2	57	2	57	2	57	2	57
	合計	2	65	2	65	2	65	2	65

参考資料

（２）交通の監視機能

　　計測データをもとに、30分または60分単位で直近の方向／車種別交通量、車両の平均通過速度、1日単位の集計値を定期的に更新して表示する。図2.3にイメージを示す。

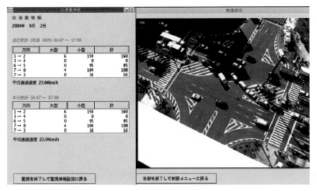

図2.3　画面イメージ

（３）統計レポート機能

　　計測データをもとに、指定時間（5分、10分、15分、30分、60分）単位で方向／車種別交通量、車両の平均通過速度の集計値を表示する。統計一覧表に表示したデータは、CSV形式ファイルへ出力することができる。図2.4に統計一覧表イメージ、図2.5に統計グラフイメージを示す。

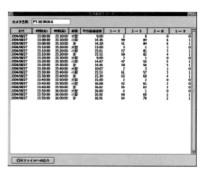
図2.4　統計一覧表

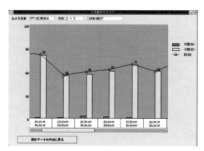
図2.5　統計グラフイメージ

（4）計測情報設定機能

計測エリア、車種判別箇所、平均通過速度計測箇所等の設定を行うことができる。
一例として、図2.6に計測エリア情報設定画面イメージを示す。

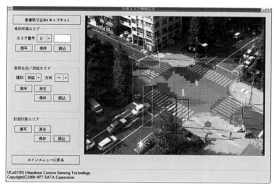

図2.6　計測エリア情報設定画面イメージ

3. 応用例(2)

資料提供：富士通フロンテック㈱

3.1　概要

　画像技術（S-T MRF）を利用した「交通流計測」では、撮影された交通画像から交通流情報を自動的に読み取り、走行台数／速度／走行方向や各種の交通挙動などの計測／解析を行なう。大量で複数のデータをコンピュータで自動処理するため信頼性の高い計測結果を短期間に集計でき、交通流動の把握だけではなく、渋滞や事故等の各種交通事象の解析にも利用することが可能。

1）車両台数：方向別の交通量
2）走行時刻：計測箇所（複数）の車両走行時刻
3）走行速度：車両毎の走行速度（2地点間の走行時間差から計測）、速度分布
4）車両間隔：車両間の間隔（車頭／車尾時間）
5）交通状態：渋滞などの交通状況の把握
6）その他　：走行軌跡、各種挙動（車線変更、合流／分流…）の把握

3.2　特徴

（1）信頼性の高い計測結果

　画像から自動的に各種計測データを大量に読み取ることが可能で、人為的ミスやバラツキの無い信頼性の高い結果が得られる。また、複数種類のデータを関連付ける事により多面的な交通解析も可能。
　車種判別は大型と小型の2車種だが、画像により二輪車（バイク）の計測も可能。

（2）各種交通挙動の把握が可能

　車両1台毎の走行位置を連続的に計測することで、車両の挙動のデータ化が可能。
（加減速、車線変更等の事象解析）

（3）計測期間の短縮が可能

　画像計測システムにより計測された結果は自動的にデータ化され、またパソコン等へのエントリィは不用であるため、サンプル数が増加しても計測／集計に要する日数は、人が計測する場合に比べて短い。

3.3　計測画像

　専用カメラなどの特別な機器は必要なく、一般のビデオカメラやITVカメラで固定撮影したビデオ画像により計測することが可能。

　　注）「画質が極端に悪い」、「照明の無い夜間や悪天候時（降雨／降雪など）」などの車両が確認できない画像や「大きな画角ブレやピントズレ」がある画像では計測できない。また、「渋滞等で車両が重なり合っている」「画像上の車両の大きさが極端に小さい／大きい」画像では、車両が正しく計測できないことがある。

3.4　計測の手順

① 計測仕様の確認、画像解析の設定等の準備を行う。
② 撮影された画像を計測システムに取り込む。
③ 画像解析ソフト（S-T MRF技術）により画像処理を行う。
④ 解析データにより交通流の各種計測を行う。
⑤ 計測結果をもとに計測／解析資料を作成する。

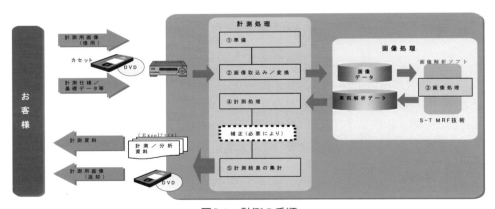

図3.1　計測の手順

3.5 計測事例

下記の3例以外に、料金所広場内の速度／経路計測、交差点の車頭時間計測などで用いられている。

(1) 交通量／速度の計測

高速道路の5車線（上り（走行／追越）、下り（走行／追越／登坂））を走行する車両の車線別の交通量と走行速度を計測する。

図3.2 計測画像と集計結果

（2）方向別交通量の計測；交差点の方向別交通量と走行時刻の計測

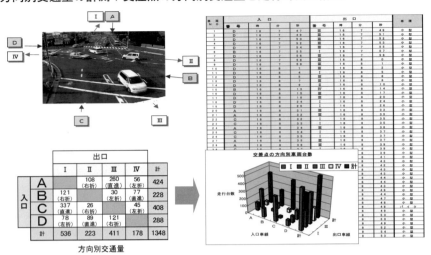

図3.3　計測画像と集計結果

（3）車群と車間時間の計測（2車線の高速道路）

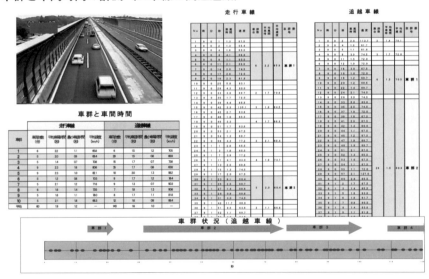

※5台以上の車両が車間時間3秒以内で連続走行しているものを車群とした
図3.4　計測画像と集計結果

参考資料Ⅱ　可搬型交通量計測装置MOVTRA

株式会社 エイテック

1．はじめに

　国土交通省では、道路交通施策の根拠となるデータを収集するために、道路交通センサスを5年に一度実施し、収集した交通量データからCO_2排出や渋滞損失時間など各指標の推計、施策の効果計測などで活用している[1]。また、料金施策の社会実験や大規模通行規制などによる効果や影響を把握するために、交通量を長期間に渡りモニタリングすることや、道路利用者の交通状況をリアルタイムで提供するニーズもあり、データ収集の容易性や即時性が求められている。交通量データの重要性は益々増加しており、機械計測により長期データを安価に取得し、均一な精度を得ることが期待されている。

　このような背景のもと、弊社では路側のガードレール等に簡易に設置が可能である可搬型交通量計測装置「MOVTRA」（以下、モバトラと称す）を開発し、交通量調査の高度化・効率化を進めている[2]。

　モバトラの特徴や活用方法を紹介する。

2．モバトラの特徴

　モバトラの主な仕様は以下のとおりである。

参考資料

表2.1　主な仕様

項目	内容
寸法	150W×200H×110Dmm(突起部除く)
質量	メインセンサ910g / サブセンサ798g(本体のみ)
防水保護	IP4級相当（内部結露防止用の通気機構を除く）
温度	−10〜＋50℃
駆動可能時間	198時間
センサ	赤外線測距センサ
電源	リチウムイオン二次電池内蔵
対象道路	車線　路側直近の1車線 標準タイプ：幅員3.0〜4.75m（車道+路肩） 広幅員タイプ（オプション）：幅員4.75〜6.5m（車道+路肩）
測定項目	車両通過日時、通過車両の速度、車長、車種分類(大型/ 小型)

モバトラの特徴は以下のとおりである。

（1）車両の通過台数・車速・車長が計測可能
　モバトラは、国内で初めて、赤外線センサを利用した可搬型の交通量計測装置である。
　計測できるデータは、以下の1）～3）の3種類である。

　1）車両の通過台数
　モバトラはメインとサブの2つのセンサで片側1車線を計測するものであり、メインセンサとサブセンサを通過した回数を交通量として計測する。また、メイン、サブの通過順序から方向を識別して交通量を計測することができる（図2.1、図2.2）。

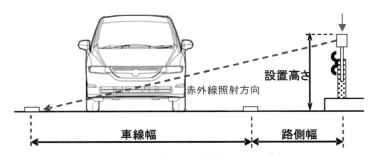

図2.1　モバトラの設置イメージ①

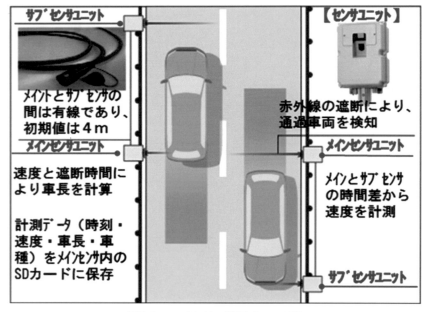

図2.2　モバトラの設置イメージ②

164

2) 車速

車速はメインセンサとサブセンサの距離とセンサ間の通過時間差より通過車両1台ごとに計算する。センサ間の距離は初期値で4mであり、2～6mの間を10cm間隔で設置可能である。また、車速の計測範囲は、5～120km/hである。

3) 車長

車長は各センサで赤外線を遮っていた時間に通過車両の速度を掛け合わせることで車両1台ごとに計算する。また、車長5.5mを閾値として、大型車と小型車の2車種に判別可能である。

(2) 交通規制不要で簡易に設置可能

モバトラは路側に設置することから、交通規制が不要であり、容易に設置や撤去が可能である。そのため、必要な時に必要な場所で、手軽に計測データを確認しながら調査を実施できるのが最大のメリットである。

道路交通センサスの対象道路の大半を占める2車線道路（片側1車線）における交通量計測を前提としており、ガードレールやガードパイプなどの支柱に設置することを基本としている（図2.3）。

また4車線道路であっても中央分離帯にガードパイプなどがある場合や三角コーンの設置スペースがある場合は、断面4車線までの計測が可能となる。中央分離帯に三角コーンを設置し断面4車線を計測した事例を図2.4に示す。

図2.3　ガードレール設置事例

図2.4　三角コーン設置事例

(3) 精度の高いデータを長期間収集可能

機械計測であることから均一なデータ取得が可能である。また、汎用性のあるCSVファイル形式でデータを書き出しするため、表計算ソフトを用いて即時にデータ集計が可能となる。計測精度は、適切に設置されている前提で、車両検知率95%以上を確保している[3]。

計測可能な期間は、専用充電池を採用することで1回の充電で昼夜連続して7日間の計測が可能である。また、制御弁付きバッテリーや商用電源を活用することで連続調査可能な期間を延長することができる。

（4）人手観測に比べてコスト縮減可能

　モバトラによる観測コストを人手観測と比較してみると、１週間連続調査を実施する場合は、モバトラ１セット（２車線計測可能）を購入する場合であっても、人手観測よりも安価に調査を実施することができる（７日間以上の調査で初期投資を回収）。

　従来、道路整備の効果分析などにおいては、コスト面の制約や人員確保の困難さなどから、幹線道路のみで平日休日各１日の調査が実施されているが、モバトラを活用することによって、長期間に渡る調査を多地点において実施することが可能となる。なお、コスト比較に際しては、下記の条件に基づき試算している。

　　　条件１：人手観測は15万円／１日間
　　　条件２：24時間連続観測
　　　条件３：断面２車線（上下）
　　　条件４：調査員３名、監督員１名の体制を想定

３．モバトラの活用方法

3.1　道路交通センサス一般交通量調査での導入

　道路交通センサスをはじめとした大規模な交通量調査においては、「観測員の確保が困難」、「調査場所の確保が困難」、「観測員の疲労に伴う質の低下」、「夜間の車種識別が困難」など人手観測の問題があった。そのため平成17年度に実施された道路交通センサスより機械観測に取組み、平成27年度には一般国道の約50％の区間において機械観測が導入された。

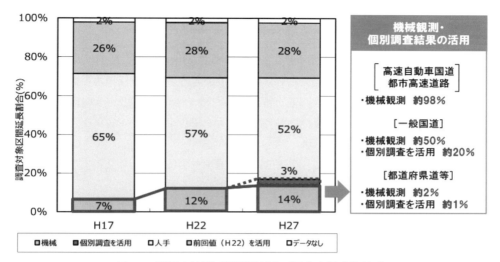

図3.1　観測方法別区間延長割合（国土交通省資料[4])

3.2　環境調査時の交通量観測

　騒音、大気等の環境調査時では、発生源となる交通量を把握する必要がある。環境調査の計測機器とともにモバトラを設置することで、同時に交通量、速度のデータを取得し、評価することが可能である。

図3.2　騒音計測時の交通量調査実施事例

3.3　生活道路における交通安全対策での活用

　生活道路では、抜け道として利用する車やスピードを出す車等によって、交通事故や、事故に至る前のヒヤリハットが発生しており、安心できる静かな生活環境を確保することが課題となっている。そのような課題を解消するため、最高速度30km/hの区域規制等のソフト対策や、ハンプや狭さく等の物理デバイス等を組合せたゾーン対策が各地で検討されている。

　ゾーン対策の検討にあたっては、生活道路の交通量や実勢速度等の交通実態を把握することが必要であるが、従来の手法であるビデオ撮影による調査（画像から目視により速度算定）、スピードガンを用いる調査等では、計測に時間・入手を要するため、多くのサンプルが収集できないことや、計測データの精度に課題があった。

　そのような中、生活道路においてモバトラを設置し、長期間、連続的に交通量や速度を計測することで、時間変動や曜日変動等の交通実態を把握することができる。また、通過するすべての車両の速度を計測することができるため、規制速度の超過割合等の速度分布の傾向を把握することができる。

図3.3　生活道路での調査実施事例

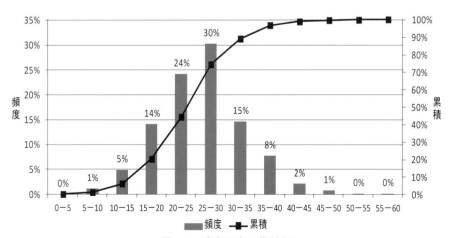

図3.4　速度分布の集計例

3.4　工事・災害による交通規制の影響評価

　道路ストックの老朽化により、近年、大規模補修工事が進められている。工事においては長期間の交通規制が必要となり、渋滞の発生や迂回交通による周辺道路への影響等が懸念される。交通影響を把握するため、交通規制の区間や時期等の交通規制の計画を十分に検討しつつ、交通規制中の交通状況等をモニタリングし、道路利用者に情報提供することが求められている。しかしながら、常設のトラフィックカウンターだけでは、設置している箇所や数が限られており、交通影響の範囲や程度を把握できない場合がある。

　そこで、モバトラを必要な地点に設置することで交通影響をより精緻に把握することができる。さらにモバトラと通信機器を組み合わせることで、リアルタイムで遠隔地でのデータ収集、集計が可能であるため、長期的な交通影響のモニタリングも効率的に実施できる。

　このほか、災害により通行止めが発生した場合の代替路の交通状況を把握するなど、緊急の計測にも迅速に対応できる。このように、モバトラと遠隔通信の機能を組み合わせることで、モバトラの活用場面がさらに広がるものと考えられる。

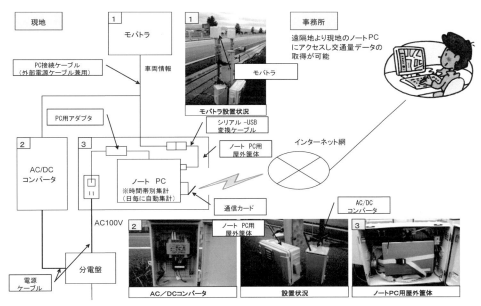

図3.5　モバトラと遠隔通信の構成例

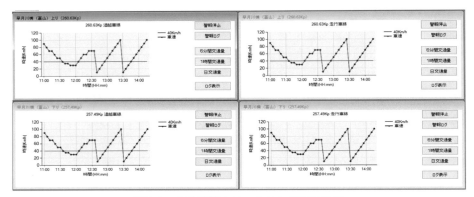

図3.6 交通状況のモニタリング画面の例

参考文献

1） 井坪慎二，塚田幸広：情報機器の道路交通調査への適用に関する検討，土木技術資料，Vol.47，No.8，2005.

2） 河野芳徳，本多正明，道工敏央，堤慎司，木下康之：可搬型トラフィックカウンタを活用した交通実態調査の高度化・効率化について，土木計画学研究・講演集，Vol.47，2013.

3） 東俊孝，井坪慎二，高田知典，内田淳：次世代交通量計測装置の性能検証，第35回土木計画学研究発表会，CD-ROM，2007.

4） 平成27年度全国道路・街路交通情勢調査 一般交通量調査の概要について，国土交通省道路局企画課，2017.

参考資料Ⅲ　ドローンを活用した交通調査

国際航業 株式会社

1．はじめに

1.1　ドローンの特徴と調査の優位性

（1）UAV・ドローン用語

　　UAV（Unmanned Aerial Vehicle：無人飛行隊）は、航空機では実施できない300m以下の低高度の空中写真撮影を行うことのできる計測機体で、軍用の大型UAVや模型のラジコン飛行機と違い、一般にバッテリーによるモーター駆動かつ自動飛行可能であることが特徴である。普及し始めたマルチコプター型UAVの場合、飛行速度は約20km/時で、20分程度の連続飛行が可能である。

　　なお、ドローンという呼び名が一般的に普及しているが、語源は、オスの蜂のことであり、無人の小さい機体が飛行する時の、プロペラの風を切る音が、蜂が飛ぶ時の音に似ていることに由来している。ドローンとUAVは名前こそ違うが、無人航空機という分類では同じものであり、プロペラによって飛行するものが、一般的にドローンとして知られるようになった。

　　よって、本章で扱うUAVについては、ドローンで統一して表現することにする。

（2）これまでの技術開発

　　前項でも簡単に述べたが、ドローンのメリットは、一般的に以下のように捉えられる。
　　・小型軽量（クルマで容易に運搬）
　　・5〜6m四方の空き地から離着陸可能、人が立ち入れない危険な場所で活躍
　　・撮影ルートを設定し自動飛行
　　・低高度から高精細な映像を取得、現地で映像の確認が可能

　　上記のメリットを活かし、2008年頃から、人の立ち入れない大規模山腹崩壊現場やメガソーラー発電施設の変位計測、河口部での野鳥調査などに、マルチコプター型を用いた写真計測が利用され始めた。国土交通省でも、2014年から堤防維持管理の高度化、災害時における緊急撮影について検討が始まるなど、ドローンを測量や災害調査等に活用すべく技術開発が進められており、今後の計測技術として利用効果が期待されている。

　　また、国土地理院では、ドローンで円滑かつ安全な測量ができるように、平成28年3月30日に「UAV を用いた公共測量マニュアル（案）」及び「公共測量におけるUAVの使用に関する安全基準（案）」を公表した。これらは、国土交通省が進めるi-Constructionに係る測量作業においても適用可能であり、測量業者が円滑かつ安全にドローンによる測量を実施できる環境を整え、建設現場における生産性向上に貢献しようとするものである。

参考資料

（3）交通調査に活用できること

　ドローンは、低高度から高精細な映像を取得することが可能であることから、車両や歩行者、自転車といった交通の流れを上空から俯瞰的に捉えることが可能である。したがって、交差点や集客施設周辺といった限られたエリア内であれば、車両や人等の挙動や流動の把握に活かせることが期待される。

1.2　搭載するセンシング機器

　静止画（写真）を撮影するためのカメラや動画撮影用のビデオカメラを搭載する。
　なお、GPSアンテナ及び装置を搭載することで、撮影した写真に世界測地の座標を持たせることも可能である。
　また、有線給電や安全ロープを装着することで、都市部での安全飛行が可能になる。

図1.1　ドローンの機体イメージ

1.3　調査上の留意点

　ドローン調査では、平成29年8月現在、航空法により飛行可能なエリアに制約が課せられている。航空法では、ドローンは飛行高度150m以上、人口集中地区（DID）での飛行を行うためには許

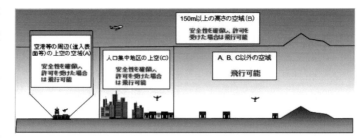

図1.2　飛行の際に許可が必要となる場合（出典：国土交通省）

可を取得する必要がある（図1.2）。また、夜間や家屋・自動車などとの離隔30m未満、イベントなど上空での飛行の際は、承認が必要である（図1.3）。
　このように、調査をする場所や地域により制限をうけることを十分に理解した上での調査計画が必要である。
　例えば、交通調査に適用した場合、車両が通行する道路上空および道路横断（交差時）には、一時的に通行車両を停止させるなどの交通規制が必要となる場合がある。
　また、上空からの撮影となるため、地物（家屋・車両など）からの離隔が確保できるよ

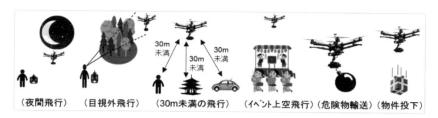

図1.3 飛行の際承認が必要となる場合（出典：国土交通省）

うな飛行高度を設定する必要がある。

　ドローンを安全に飛行させるためには、バッテリーの消耗から1回の調査では20〜30分の飛行を目安とする。上空を飛行するドローンは、気象条件にも留意する必要がある。一般的に飛行に適した風速は5m/s以内であり、降雨時の飛行も雨、風の影響を受けやすくさけたほうが良いと言われている。

　以上のように、航空法に基づく許可・申請が必要となる場合もあるが、安全なドローン調査を実施するためには、運用方法を理解し、安全対策を十分にする必要がある。加えて、沿道の住民・土地の所有者、警察など関係者との事前調整も必要である。また、ドローン操縦者の飛行能力、経験も安全な調査には重要な要素の一つである。

1.4　今後の展望

　交通計画の分野でドローンを活用した調査は、上空から道路上や交差点の状況を俯瞰して把握できることから、面的な活用可能性は高いと考えられている。現在、交通調査では、「量」を把握する方法として路上での交通量計測、「挙動」を把握する方法としては、電柱や隣接する高い建物からのビデオ撮影などが良く使われる方法である。挙動を把握するために行われてきたビデオ撮影などでは、道路上や交差点内を移動する車両、自転車、歩行者は把握できるが、撮影の画角、角度などの影響から、挙動把握の精度において誤差を含む場合があった。

　一方で、ドローンは、飛行制約はあるものの上空から調査できるため、取得した動画や画像は、垂直に近いアングルで確認することができる。道路上を移動する車両や自転車、歩行者の動作（位置や方向）の正確な把握が可能になった。

　具体的な活用の一例を示す。
　○交差点内の車両挙動を把握し、交通安全対策への活用
　○高速道路などの分合流部の車両挙動から安全な分合流方法の検証
　○主要渋滞ポイントでの車両挙動から渋滞メカニズムの分析

　現状では、動画から車両の台数、速度や軌跡を把握するためには、手作業に頼るところが多いが、今後画像認識技術や人工知能（AI）などを組み合わせて導入することで、システム的に把握できる可能性がある。今後、交通調査でのドローンの活用は、技術進歩とともにますます進むものと考えられる。

ドローンを用いたラウンドアバウトの車両挙動調査

（1）調査の目的および概要

　　ラウンドアバウトを走行する車両の走行軌跡・速度等の車両挙動を計測するため、ドローンによる上空からのビデオ撮影を行った。

【調査対象箇所の概要】

　①調査対象：ラウンドアバウト（正十字）
　②周辺の土地利用：ラウンドアバウトの周辺は水田部であり、飛行制約を受ける家屋などない。
　③調査手法：ラウンドアバウトが撮影できる高度までドローンを上昇させ、定点でビデオ撮影を行った。撮影範囲は、ラウンドアバウトの環状部と各流入部の道路50m程度とした。

図1.4　ドローンから見たラウンドアバウト

　④調査時間：撮影は、3時間分のビデオ撮影を行った。ドローンの1回あたりの飛行時間は約20分とし、1回20分の撮影を9回繰り返して実施した。

（2）調査で得られた車両軌跡の取得

　　調査で得られたビデオ映像をもとにラウンドアバウトを走行する車両の一定間隔での位置（X,Y座標）を把握することで走行車両の軌跡を追跡した。ドローンを定点から観測したが、上空での機体のブレがあるため抽出した車両位置にも誤差を含んでいる結果となった。またカメラレンズのゆがみも含んでいた。それらを補正して、正射投影することで真値に近い車両走行軌跡を抽出した。

図1.5　ドローン調査の状況

　　取得した車両走行軌跡のデータ精度の検証として、当日スマートフォンのGPS機能を用いて取得した速度データと比較した結果、大きな差がないことから精度の妥当性は確認できた。

（3）車両挙動の分析・評価

　取得した車両の走行軌跡のデータから、車両の挙動特性を評価した。ラウンドアバウトへの流入部から流出部まで連続的に挙動が把握できたことから、ラウンドアバウト内の走行速度の傾向をつかむことができた。

　車両の挙動特性を活かした交通安全対策をすすめるためにも有益な調査、結果が得られたものと考えられる。

出典：「UAVを用いたラウンドアバウトの車両挙動調査（第53回土木計画学研究発表会・講演集)」

参考資料

― 参考資料Ⅳ　可搬式高所ビデオ調査装置ビューポール®による交通調査 ―

株式会社　道路計画

１．はじめに

　これまでビデオカメラによる交通調査は、人手観測が難しい交通挙動調査や高い精度が要求される交通量調査等に適用されていたが、高所からビデオ撮影できる建物屋上や横断歩道橋など現地条件の制約のため、実施例は多くなかった。

　しかし近年、ミクロシミュレーションによる交通円滑化対策検討、ヒヤリハット分析による交通安全対策検討、事前事後比較による整備効果検証など、正確でかつ根拠が残るビデオ調査の必要性が高まっている。

　このような背景のもと、本稿では、既設の照明柱や標識柱を利用して高所から長時間の定点ビデオ調査ができる可搬式ビデオ調査装置ビューポールについて、その特徴と活用事例を紹介する。

　　※ビューポールは、株式会社道路計画が開発し、特許取得、商標登録ならびに
　　　NETIS登録された製品である（特許 第4008021号、NETIS KT-100047-VE）。

２．ビューポールの特徴

（１）ビューポールの仕様と機材構成

　ビューポールの仕様と機材構成を表2.1、図2.1に示す。ビューポール16は、画質向上とGPS時刻（秒単位）を同時記録できる機能を追加した、ビューポールの後継機種である。

表2.1　ビューポールの仕様

	項目	ビューポール	ビューポール16
ポールカメラ	寸法(mm)	63W×160H×110D	130W×115H×170D
	重量	0.9kg	0.8kg
	防水性能	IP66(防滴)	IP66(防滴)
	動作温度	−10〜50℃	−10〜50℃
	撮影画素	38万画素	200万画素
レコーダ	録画媒体	HDD	SDカード
	1秒間のコマ数	30コマ／秒	30コマ／秒
	録画時の時刻	撮影後に挿入	自動挿入(GPS対応)
	録画可能時間	12時間	22時間
	電源	リチウムイオン電池	リチウムイオン電池

	項目	タイプ1	タイプ2
ポール	最大長	10m	7m
	収納時寸法	1.6m	1.5m
	重量	5.5kg	3.5kg

【映像データ時刻表示の問題】

　近年の録画機はHDDやメモリにデータを記録する方式が主流となっているが、録画し

た映像データをメーカーの専用ソフトを介さずPCに取り込むと時刻情報が無くなってしまう、という問題が生じている。映像再生ソフトを用いて簡易的に時刻を表示する方法もあるが、早送り、巻戻しを繰り返すことで表示時刻がずれる現象も確認されている。ゆえに映像内に時刻をスーパーインポーズすることで、時刻のずれが無い、正確でスピーディーな処理が可能になる。

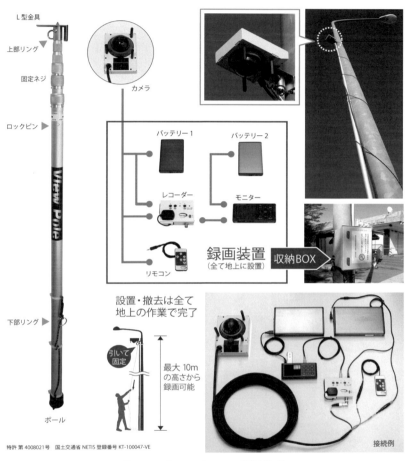

図2.1　ビューポールの機材構成

（2）特徴

1）ポールカメラは最高10mの高さに設置できるので、撮影範囲が広く、データの解析精度が高い。

2）設置作業は、地上の狭いスペースで行えるので、高所作業車が不要で安全性が高く低コストである。また、車線規制の必要が無い。

3）ビデオアングルは、地上からリモコンで操作できるので、作業効率が良い。

4）電源は、バッテリーを使用しているため、AC電源の無い屋外でも22時間連続調査が可能である。

5）録画開始後は、定時点検を除き無人化できるので、過酷な環境や危険な場所で調

査員の安全確保に有効である。また、地点ごとに調査員を配置する必要が無い。
6）機材は、防滴仕様のため雨天・降雪時でも撮影でき、強風時にも画像が安定する構造になっている。夜間は、道路照明やヘッドライトの明るさで撮影可能である。
7）機材の総重量は7kgで、人手により持ち運びが可能である。

（3）設置方法

　　ビューポールの設置は、1～8に示す手順で、振り出し構造のポール上端にポールカメラを取りつけ、照明柱にロープを回した後、ポールを地上からリフトアップすることで完了する。設置作業時間は約30分で行える。

1. ポールカメラをポール先端部に固定

2. 固定用ロープを取り付け

3. 地上からリフトアップ

4. ロープを下に引き、支柱に固定

5. ゴムバンドでポールを仮固定

6. 地上で固定ロープを縛り付け

7. リモコンでアングル調整

8. 収納箱に録画機材を格納して完了

図2.2　ビューポールの設置方法

（4）設置・撮影事例

　ビューポールは、既設支柱に添え付けるため、通常は照明柱に設置することが多いが、照明柱が無い場合はカーブミラー、標識柱、街路樹等に設置する場合もある。
　ビューポール設置状況と撮影画像の事例を図2.3に示す。

事例1：一般道の照明柱から自転車歩行者道の交差点部を撮影

事例2：一般道の照明柱から渋滞状況を撮影

事例3：サービスエリアの照明柱から広角レンズで駐車場利用状況を撮影

図2.3（1/2）　ビューポール設置状況と撮影画面の事例

事例4：高架橋の照明柱から渋滞状況を7日間連続撮影

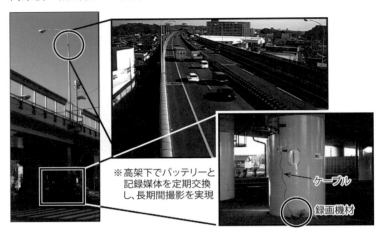

事例5：細街路のカーブミラーから一時停止状況を撮影

事例6：その他の撮影映像

図2.3（2/2） ビューポール設置状況と撮影画面の事例

3. ビューポールの活用事例

ビューポールは、屋外用の高所定点ビデオ観測装置であることから、自動車、自転車、歩行者等の様々な移動体を調査する事ができる。活用事例を以下に示す。

3.1 交差点方向別交通量調査

中規模交差点であればビューポール1台で全方向の交通流を撮影できるため、高い精度が要求される交差点方向別交通量調査で活用されることが多く、費用は人手調査とほぼ同じである。ビデオ画像から交差点方向別交通量を読取る方法には、通常の交通量調査と同様に計測員が数取り器でカウントする方法や、画像処理ソフトを使用して自動計測する方法などがあるが、ここではビューリーダー®（交通量）を使用した読取り事例を紹介する。

　　※ビューリーダーは、株式会社道路計画が開発し、特許取得ならびに商標登録された
　　　製品である（特許 第5879587号）。

このソフトは、あらかじめパソコン画面上に判読ラインと方向番号を設定し、再生画面で対象方向の車両が判読ラインを通過した時にテンキーを押して交通量を計測する。

図3.1は4枝交差点の操作画面で、交差点から流出する画面左上の断面Aを対象として、一度に3方向（方向番号12、8、4）の交通量を読取る事例である。

図3.1　ビューリーダー（交通量）による交差点方向別交通量読取り操作画面

出力メニューを表3.1、図3.2に示す。

表3.1　車両個々の基本データ

No.	方向	車種	年	月	日	時	分	秒	1/10秒
1	8	小型	2017	4	1	7	10	9	5
2	4	小型	2017	4	1	7	10	11	6
3	4	小型	2017	4	1	7	10	13	6
4	4	大型	2017	4	1	7	10	29	8
5	4	小型	2017	4	1	7	10	33	1
6	12	小型	2017	4	1	7	11	5	8
7	12	大型	2017	4	1	7	11	11	0
8	12	小型	2017	4	1	7	11	16	2
…	…	…	…	…	…	…	…	…	…

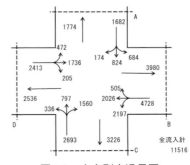

図3.2　方向別交通量図

3.2　速度調査

ビデオ画像から速度を読取る方法には、計測員がビデオ画像をコマ送り再生して測定区間の始点と終点を通過した時刻を記録し、2点間の所要時間と距離から速度を算出する方法と、画像処理ソフトを使用して2点間の所要時間を自動計測する方法などがあるが、ここではビューリーダー（速度）を使用した読取り事例を紹介する。

このソフトは、あらかじめパソコン画面上に正確な距離が分かっている2本の判読ラインを設定し、対象車両が判読ラインを通過した時に、計測員がテンキーを押して通過時刻を自動記録する。図3.3は対象車の後輪が①INと②OUTの判読ラインを通過する際の時刻を自動記録し、速度を算出する操作画面である。出力メニューを表3.2と図3.4に示す。

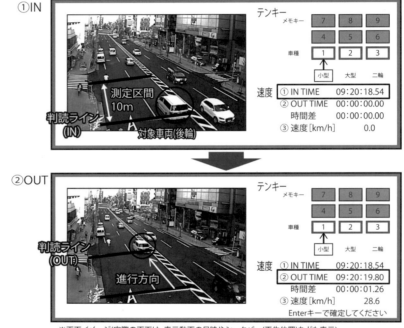

※画面イメージ(実際の画面は、表示動画の日時やシークバー(再生位置)なども表示)

図3.3　ビューリーダー（速度）による速度読取り操作画面

表3.2　車両個々の基本データ

No.	年	月	日	IN TIME	OUT TIME	時間差	速度(km/h)	車種
1	2017	1	19	09:20:16.20	09:20:17.03	0.83	43.4	小型
2	2017	1	19	09:20:16.33	09:20:17.63	1.30	27.7	小型
3	2017	1	19	09:23:47.61	09:23:48.75	1.14	31.6	小型
4	2017	1	19	09:20:22.64	09:20:23.64	1.00	36.0	小型
5	2017	1	19	09:20:26.48	09:20:27.64	1.16	31.0	小型
6	2017	1	19	09:20:29.81	09:20:31.15	1.34	26.9	大型
7	2017	1	19	09:20:30.98	09:20:32.15	1.17	30.8	小型
8	2017	1	19	09:20:32.15	09:20:33.48	1.33	27.1	二輪

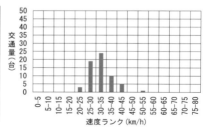

図3.4　速度分布図

※通過時刻計測精度はビデオ撮影時のフレームレートで決まる。通常のビデオカメラは30コマ/秒の精度であるが、データ記録形式は1/100秒としている。

3.3　交通挙動調査

　ビデオ画像を利用した交通挙動調査では、移動体の動線（軌跡）をデータ化し可視化する方法がある。読取り作業は、パソコン上でビデオを再生し、コマ送りしながらマウスをクリックすることで、移動体の位置（画面上のXY座標）と時刻を点列データとして計測する。

　図3.5はビデオ静止画面上に動線を重ね書きした事例である。

自転車・歩行者の乱横断　　　　　　　　自動車の走行軌跡

図3.5　ビデオ静止画面上に動線を重ね書きした事例

　さらに動線（軌跡）の点列データを平面図に射影変換すると、連続する2点間の距離から速度、加速度等の変化を算出できるので定量解析の範囲が広がる（図3.6）。

放置自転車が通行者に与える影響分析[1]　　　料金所広場内の錯綜分析
　　　　　　　　　　　　　　　　　　　　※複数のビデオ画像を使用

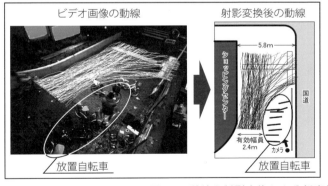 

図3.6　動線を射影変換した分析事例

3.4　公表された調査研究事例（文献リスト）

1) 野間哲也, 土井元治：高所ビデオ撮影装置を用いた放置自転車の交通流への影響分析, 土木学会第66回年次学術講演会, 2011年度.

2）嶋田喜昭，小塚大輔：自転車専用通行帯の利用に及ぼす要因分析，第36回交通工学研究発表会論文集，2016.

3）鈴木大輔，遠藤広晴，秋保直弘，榎並祥太，水上直樹：踏切の鳴動状態と混雑状態を考慮した通行者の歩行速度，日本人間工学会第58回大会講演集，2017.

4）嶋田喜昭，山田真未：対面通行生活道路における連続型狭さくの設置効果分析，第37回交通工学研究発表会論文集，2017.

5）神戸信人，尾高慎二，康楠，中村英樹，森田綽之：日本におけるラウンドアバウトの実測最大交通量と交通容量の分析，土木学会論文集D３，Vol.71，2015.

6）鈴木大輔，遠藤広晴，斎藤綾乃，秋保直弘，水上直樹：踏切長・鳴動状態・混雑状態が踏切横断時の歩行速度に与える影響，人間工学，Vol.55，No.３，2019.

社団法人交通工学研究会 交通技術研究小委員会
執　筆　者

*兼編集

井戸　昭典*	株式会社長大	小谷　益男*	株式会社千代田コンサルタント
内田　滋	日本交通技術株式会社	高橋　秀夫	株式会社片平エンジニアリング
江藤　和昭	株式会社オリエンタルコンサルタンツ	西廣　勝光	株式会社東光コンサルタンツ
木村　昭博	セントラルコンサルタント株式会社	西矢　義人	パシフィックコンサルタンツ株式会社
熊谷　慎二	株式会社トーニチコンサルタント	堀江　清一*	株式会社長大

平成20年7月現在

一般社団法人交通工学研究会 交通技術研究小委員会
執　筆　者

*兼編集

伊藤　亜生	株式会社片平新日本技研	堤　浩介	日本交通技術株式会社
岡田　良之*	株式会社長大	野中　康弘*	株式会社道路計画
加藤　徹郎	株式会社ニュージェック	深井　靖史	株式会社福山コンサルタント
熊谷　慎二	株式会社トーニチコンサルタント	丸山　佳孝	株式会社東光コンサルタンツ
児島　正之	株式会社千代田コンサルタント	山川　英一	八千代エンジニヤリング株式会社
篠崎　毅	パシフィックコンサルタンツ株式会社	山口　敏之	セントラルコンサルタント株式会社
田中　淳	株式会社オリエンタルコンサルタンツ	吉岡　正人*	中央復建コンサルタンツ株式会社

平成29年9月現在

－改訂にあたっての情報提供、協力－
　本書を改訂するにあたり、以下の方々から情報提供、協力を得ました。
　ここに記して、謝意を表します。
　株式会社TRプランニング（西原 相五 氏）
　株式会社アーバントラフィックエンジニアリング
　株式会社サーベイリサーチセンター

改訂　交通調査実務の手引

令和元年10月30日　初版発行
令和6年9月2日　　2刷発行

　　発　行　一般社団法人交通工学研究会
　　　　　　〒101-0054　東京都千代田区神田錦町3-23　錦町 MK ビル5階
　　　　　　℡：050-5507-7153　Fax：03-6410-8718
　　　　　　https：//www.jste.or.jp/

　　発　売　丸善出版株式会社
　　　　　　〒101-0051　東京都千代田区神田神保町2-17
　　　　　　℡：03-3512-3256　Fax：03-3512-3270
　　　　　　https://www.maruzen-publishing.co.jp/

　　印　刷　第一資料印刷株式会社

　　本書の全部または一部を無断で複写複製（コピー）することは、著作権法
上での例外を除き、禁じられています。

ISBN 978-4-905990-90-1 C3051

交通工学研究会では平面交差の計画と設計に関し毎年、講習会・セミナー等を開催しております。

交通工学実技講習会

　当会では、道路の計画・設計に携わる方々で、交差点検討に関する基礎的な技術のスキルアップを目指している方への技術的アドバイスとして、交差点検討に関する技術の講習会（講義及び実技形式）を年2回（夏・冬）開催致しております。
　夏季の講習会では「 平面交差の計画・設計のマスター 」をテーマに、初級者を対象とした少人数の受講者に対し、きめ細かな指導を行いますので、奮ってご参加ください。

- 講習内容

「平面交差の計画と設計」についての基礎技術の習得ができるよう、
(1) 講義による基本事項の理解（第1日目）
　　必修の項目である「幾何構造」、「交通容量」、「交通運用」の
　　基本事項について講義形式で分かりやすく解説します。
(2) 演習、製図による基本技術の習得（第2日目、第3日目）
　　「平面交差の計画と設計」の基礎技術の習得を目標に、具体的な課題に基づいて
　　交通容量計算、交通制御方法の検討、幾何構造の設計を実際に行います。
　　演習及び設計製図を行う際には、経験豊富な技術者が個別に指導します。
　　最後に、各課題に対して講評を行い、質疑応答を通して総まとめを行います。

- TOP/TOE 継続研鑽（CPD）認定プログラム 60単位
- 地方開催についてご要望がある方は、開催地・時期・人数など事務局までご相談ください。

平面交差の計画と設計セミナー

　交通工学研究会では、従来より「平面交差の計画と設計」に関する書籍の刊行、「交通工学実技講習会」の開催等を通して平面交差の計画と設計の技術力向上に向けての活動を行ってきております。
　「平面交差の計画と設計セミナー」はその活動の一環として、全くの初心者、あるいはほとんど経験のない方を対象に開催しているものです。本セミナーは、平面交差の計画と設計の基本事項を分かりやすく解説し、簡単な演習を行うことによって参加者の皆様に平面交差の計画と設計の基礎技術を習得していただくことを目的と実施しております。

- 講習内容
　　1日目　「幾何構造」講義、「幾何構造」演習
　　2日目　「交通運用」「交通容量」講義、「交通容量計算」演習

- TOP/TOE 継続研鑽（CPD）認定プログラム 30単位

日程など詳しくはホームページをご覧ください。　http://www.jste.or.jp/